U0318955

煤炭干法分选技术研究及应用

Research and Application of Dry Coal Separation Technology

华电电力科学研究院有限公司　编著

北　京
冶　金　工　业　出　版　社
2022

内容提要

本书共4章，系统介绍了煤炭干法分选技术及其应用，具体内容包括空气重介质流化床干燥与分选一体化技术、空气重介质振动流化床技术、火电厂燃煤复合式干法分选技术及石子煤高效分离复合式干法分选技术等。

本书可供选煤专业技术人员及火电厂燃料部分技术人员阅读，也可供煤炭类高等院校师生借鉴参考。

图书在版编目(CIP)数据

煤炭干法分选技术研究及应用/华电电力科学研究院有限公司编著.—北京：冶金工业出版社，2022.12

ISBN 978-7-5024-9339-4

Ⅰ.①煤…　Ⅱ.①华…　Ⅲ.①干法选煤—研究　Ⅳ.①TD94

中国版本图书馆CIP数据核字(2022)第236146号

煤炭干法分选技术研究及应用

出版发行	冶金工业出版社	**电　话**	(010)64027926
地　址	北京市东城区嵩祝院北巷39号	**邮　编**	100009
网　址	www.mip1953.com	**电子信箱**	service@mip1953.com

责任编辑　王梦梦　美术编辑　彭子赫　版式设计　郑小利

责任校对　葛新霞　责任印制　窦　唯

北京建宏印刷有限公司印刷

2022年12月第1版，2022年12月第1次印刷

710mm×1000mm　1/16；10.5印张；204千字；160页

定价66.00元

投稿电话　(010)64027932　投稿信箱　tougao@cnmip.com.cn

营销中心电话　(010)64044283

冶金工业出版社天猫旗舰店　yjgycbs.tmall.com

(本书如有印装质量问题，本社营销中心负责退换)

前　言

煤炭是工业主要的原料来源之一，素有“工业粮食”之称。我国煤炭资源总量丰富，但由于人口众多，人均占有量极低，而且地理和市场分布不平衡，西多东少，北多南少，且各产煤地品种和质量差异较大。煤炭在我国能源生产和消费结构中占据的主导地位短时间内难以产生明显的改变。

目前，中国已成为世界上最大的煤炭生产和消费国，而大量煤炭燃烧会对环境造成严重的污染，为解决该问题，同时提高煤炭利用效率以实现其可持续发展，实施洁净煤技术十分必要。其中选煤是洁净煤技术中合理利用煤炭、保护环境最经济有效的方法，属于煤炭污染环境的源头治理措施，是煤炭加工、转化及洁净利用必不可少的前提和关键环节。

选煤不仅能优化产品结构，改善煤质、提高利用效率，而且还可减少污染，节约运力。选煤是国际上公认的实现煤炭高效、洁净利用的首选方案。因此，加快发展选煤技术对于实现煤炭资源的高效综合利用、节约能源、减少环境污染意义重大。选煤技术分为湿法选煤和干法选煤，湿法选煤技术已有两百年历史，在选煤技术体系中一直居于主导地位，但湿法分选技术需使用大量水源，而水资源匮乏却是全球性的重大问题。尤其对我国而言，水资源短缺形势更严峻，我国煤炭已探明保有储量的 2/3 以上集中于干旱或半干旱的严重缺水的西北地区，无法使用或不适合通过湿法分选来实现煤炭洁净利用，再加上湿法也不适宜低阶遇水易泥化煤及高寒地区分选作业，因此研发适合我国国情的高效干法选煤技术很有必要。

本书系统介绍了热态空气重介质流化床分选特性、热态空气重介质流化床中煤炭的干燥破碎行为、热态空气重介质流化床干燥特性、空气重介质振动流化床小型分选试验、空气重介质振动流化床半工业性试验、西南部分地区高硫煤实验室分选实验、桐梓电厂炉前煤炭干法分选现场试验、复合式干法分选后高硫煤矸石综合利用技术、石子煤分选原理及理论依据、石子煤干法分选实验室分选实验、石子煤干法分选半工业性分选试验、石子煤干法分选工业性试验等。

本书可供煤炭类高等院校教师和学生、选煤专业技术人员及火电厂燃料部门技术人员参考使用。

华电电力科学研究院有限公司李凌月为本书主编，本书编撰过程中其参考了大量的国内外文献，在此对文献作者表示感谢。

由于时间仓促，本书疏漏之处，恳请广大读者批评指正。

作 者

2022 年 6 月

目　录

1 空气重介质流化床干燥与分选一体化技术

空气重介质流化床干法选煤是一种高效的干法分选技术，它将气固两相流态化技术引入选煤领域，分选精度及稳定性远高于风力选煤和复合式干选。该选煤技术将具有一定粒级的固体颗粒作为固相加重质，然后通入空气使加重质颗粒完全流化，形成密度均匀、稳定的气-固两相流化床，流化床床层静压力沿床高的分布与静止流体相似。根据阿基米德定律，进入流化床的煤炭按床层密度分层。

为了解决流态化分选对潮湿煤炭适应能力差的问题，研制了空气重介质流化床干燥与分选一体化模型装置，本章将通过该装置实验结果进行分析。该装置由供风系统、电加热系统、分选系统和温度检测系统构成，结构示意图和实物图分别如图 1-1 和图 1-2 所示。供风系统主要由罗茨鼓风机、风包、转子流量计及管

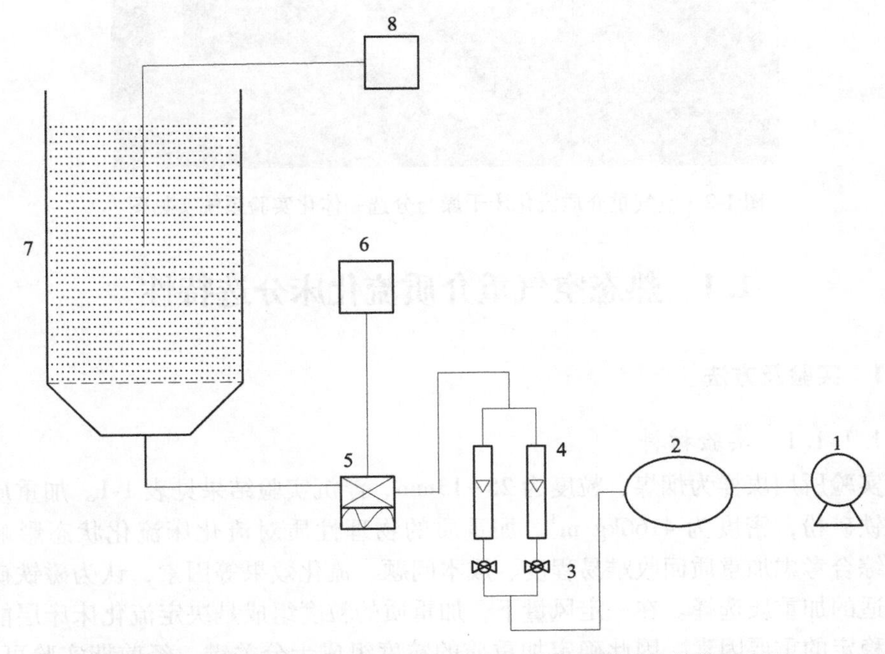

图 1-1　空气重介质流化床干燥与分选一体化实验系统结构示意图
1—罗茨鼓风机；2—风包；3—调速阀门；4—转子流量计；5—加热装置；
6—控温装置；7—流化床体；8—温度测量装置

路构成，其中转子流量计的量程为 100m³/h。罗茨鼓风机提供压缩空气，压缩空气经过滤器将气体中的杂质和水分滤除，净化后的空气由风包稳压后进入分选机风室；其间，要利用控制阀门调节进入风室的风量及风压，风量可由转子流量计测量。加热系统的主体为温控范围在 0~500℃的电加热装置。电加热装置内部安装有温度传感器，可通过转换加热后气体温度变化产生的信号转换成相应的数字信号输出，并由数字显示屏显示。管路通过绝热棉包裹以减少热量损耗。分选系统主要由空气重介质流化床分选模型机和气体分布器构成，模型机为碳钢材质，尺寸为：200mm×200mm×250mm，装置安装过程中经过了严格的密封处理。除尘系统为水浴除尘装置，可除去分选过程中弥漫在模型机周围的细粒磁铁矿粉，以减轻粉尘对环境的污染及对人体的伤害。

图 1-2 空气重介质流化床干燥与分选一体化实验系统实物图

1.1 热态空气重介质流化床分选特性

1.1.1 实验及方法

1.1.1.1 实验材料

实验所用煤样为烟煤，粒度为 25~13mm，浮沉实验结果见表 1-1。加重质选用磁铁矿粉，密度为 4166kg/m³。加重质的物理性质对流化床流化状态影响较大，综合考虑加重质回收难易程度、成本问题、流化效果等因素，认为磁铁矿粉是合适的加重质选择。在一定风量下，加重质的粒度组成是决定流化床床层能否均匀稳定的重要因素，因此确定加重质的粒度组成十分关键，经前期实验可知，磁铁矿粉主导粒级为 0.300~0.074mm 时，能满足实验要求，因此，实验选用此粒级磁铁矿粉作为加重质的主导粒级。

表 1-1 25~13mm 烟煤煤样浮沉实验结果

密度级 /g·cm^{-3}	本级产率 /%	灰分 /%	浮物累计		沉物累计		分选密度（±0.1）含量	
			产率 /%	灰分 /%	产率 /%	灰分 /%	密度 /g·cm^{-3}	产率 /%
<1.30	7.73	5.58	7.73	5.58	100.00	34.70	1.30	48.11
1.30~1.40	29.75	8.41	37.48	7.83	92.27	37.14	1.40	51.56
1.40~1.50	10.41	17.14	47.89	9.85	62.52	50.81	1.50	20.67
1.50~1.60	5.69	20.50	53.58	10.98	52.11	57.54	1.60	10.49
1.60~1.70	2.48	33.57	56.06	11.98	46.42	62.08	1.70	9.22
1.70~1.80	4.70	39.43	60.76	14.11	43.94	63.69	1.80	17.67
1.80~2.0	18.14	51.13	78.90	22.62	39.24	66.60	1.90	23.28
>2.0	21.10	79.89	100.00	34.70	21.10	79.89		
合计	100.00	34.70						

由浮沉实验表可知：各密度级含量不均匀，1.3~1.4g/cm^3、1.8~2.0g/cm^3、>2.0g/cm^{3}的密度级含量较大，其余密度级含量较少；随着密度的增大，各密度级灰分逐渐增大。从临近密度级含量可以看出，分选密度为1.3g/cm^{3}和1.4g/cm^{3}时，煤炭为极难选煤，分选密度为1.5g/cm^3、1.9g/cm^{3}时，煤炭为较难选煤，分选密度为1.6g/cm^3、1.8g/cm^{3}时，煤炭为中等可选煤，分选密度为1.7g/cm^{3}时，煤炭为易选煤。绘制了可选性曲线如图 1-3 所示，分析可选性曲线可知：当精煤灰分为11%时，尾煤产率为46%，精煤产率为54%，分选密度为1.62g/cm^3，分选密度（±0.1）含量为9%，煤炭为易选煤。

1.1.1.2 实验设计及方法

选择多孔板型气体分布器作为空气重介质流化床的布风装置，并配以合适的滤布层数使床层达到良好的流化和分选性能。实验时，对煤样表面采用人工增湿，并将人工附加水质量与人工增湿前煤样质量的百分比定义为煤炭表面水分。烟煤煤样表面空隙少，吸水性弱，人工增湿后，水分一般停留在煤炭表面。选用煤样的表面水分为1%~3%，当表面水分达3%时，接近饱和，短时间内继续加水，表面水分趋于稳定。

借助美国 State-Ease 公司开发的 Design-Expert 6.08 软件，完成实验设计，并对实验结果进行了分析和讨论，考察了干燥温度、煤炭表面水分、干燥时间、风量等因素对分选精度和分选密度的影响，建立了分选精度和分选密度与各影响因素间的关联模型，其中，干燥温度、煤炭表面水分、干燥时间、风量 4 个因素分

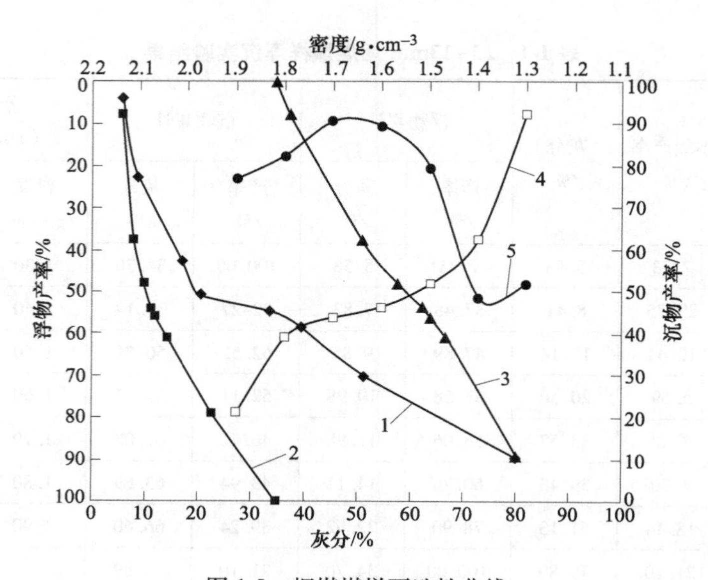

图 1-3 烟煤煤样可选性曲线

1—灰分特性曲线；2—浮物曲线；3—沉物曲线；4—密度曲线；5—临近密度物曲线

别以 A、B、C、D 代表，实验设计及结果见表 1-2。实验具体操作如下：选取一定质量并且表面干燥的煤样，进行人工加湿，然后立即放入流化床中，在设定条件下进行分选实验；其中，分选精度以 E_P 值作为评价指标，E_P 值越小表明分选精度越高。实验参数的选取：干燥温度为 30℃、40℃、50℃，煤炭表面水分为 1%、2%、3%，干燥时间为 1min、3min、5min，风量为 $8m^3/h$、$10m^3/h$、$12m^3/h$。

表 1-2 烟煤煤样分选实验设计及结果

序号	干燥温度 /℃	煤炭表面水分 /%	干燥时间 /min	风量 /$m^3 \cdot h^{-1}$	E_P 值 /$g \cdot cm^{-3}$	分选密度 /$g \cdot cm^{-3}$
1	40	2	3	10	0.050	1.675
2	30	3	3	10	0.060	1.660
3	50	2	3	12	0.045	1.710
4	50	2	1	10	0.045	1.685
5	40	1	3	12	0.045	1.730
6	40	2	5	8	0.110	1.740
7	50	2	5	10	0.025	1.700
8	40	3	5	10	0.055	1.670
9	40	3	3	12	0.065	1.720
10	40	2	3	10	0.055	1.680
11	40	1	1	10	0.040	1.685

续表 1-2

序号	干燥温度 /℃	煤炭表面水分 /%	干燥时间 /min	风量 /$m^3 \cdot h^{-1}$	E_P值 /$g \cdot cm^{-3}$	分选密度 /$g \cdot cm^{-3}$
12	40	1	3	8	0.100	1.745
13	50	2	3	8	0.065	1.750
14	40	2	1	8	0.120	1.730
15	30	2	3	8	0.130	1.725
16	30	2	5	10	0.055	1.675
17	40	2	3	10	0.055	1.680
18	40	2	5	12	0.050	1.725
19	40	3	1	10	0.065	1.660
20	40	2	1	12	0.075	1.710
21	40	2	3	10	0.050	1.680
22	30	2	3	12	0.080	1.725
23	40	1	5	10	0.030	1.700
24	40	2	3	10	0.050	1.670
25	50	3	3	10	0.045	1.685
26	30	2	1	10	0.065	1.660
27	50	1	3	10	0.020	1.695
28	30	1	3	10	0.035	1.665
29	40	3	3	8	0.130	1.735

1.1.2 热态空气重介质流化床的分选精度

1.1.2.1 分选精度数学关联式的建立

根据分选精度实验数据，对 Design-Expert 推荐的两种模型进行了 R^2 综合分析，见表 1-3。结果表明，两种模型中，二次方模型的标准偏差和预测残差平方和都小于 2FI 模型，并且 R^2 校正值、R^2 预测值都大于 2FI 模型，这说明二次方模型适合用于实验结果的模拟及分析，但考虑到二次方模型的 R^2 校正值为 0.9119，R^2 预测值为 0.7514，两者有一定差距，说明该模型的模拟精度有待提高，因此需要对二次方模型进行修正。

表 1-3 分选精度 R^2 综合分析

模型	标准偏差	R^2	R^2校正值	R^2预测值	预测残差平方和	结果
2FI 模型	0.025	0.5277	0.2653	−0.5130	0.037	
二次方模型	8.724×10^{-3}	0.9559	0.9119	0.7514	6.011×10^{-3}	接受

对二次方模型的模型参数进行了方差分析，见表 1-4，采用 F 值检验法对模型参数的显著性进行了检验，其中，当模型参数的"Prob>F"大于 0.1 时，说明该参数不显著，当"Prob>F"小于 0.05 时，说明该参数显著，从表 1-4 中可以看出模型中的 B^2、C^2、AB、AC、AD、BC、BD、CD 等因素的显著性较差，为了改善模拟效果，将这些因素去除，建立了新的模型即二次方修正模型。

表 1-4 分选精度二次方模型参数的方差分析

模型因素	平方和	自由度	均方	F 值	Prob>F
A	2.700×10^{-3}	1	2.700×10^{-3}	35.48	< 0.0001
B	1.875×10^{-3}	1	1.875×10^{-3}	24.64	0.0002
C	6.021×10^{-4}	1	6.021×10^{-4}	7.91	0.0138
D	7.252×10^{-3}	1	7.252×10^{-3}	95.30	< 0.0001
A^2	3.216×10^{-4}	1	3.216×10^{-4}	4.23	0.0589
B^2	1.338×10^{-4}	1	1.338×10^{-4}	1.76	0.2061
C^2	7.613×10^{-6}	1	7.613×10^{-6}	0.10	0.7565
D^2	8.445×10^{-3}	1	8.445×10^{-3}	110.98	< 0.0001
AB	0.000	1	0.000	0.00	1.0000
AC	2.500×10^{-5}	1	2.500×10^{-5}	0.33	0.5756
AD	2.250×10^{-4}	1	2.250×10^{-4}	2.96	0.1075
BC	0.000	1	0.000	0.00	1.0000
BD	2.500×10^{-5}	1	2.500×10^{-5}	0.33	0.5756
CD	5.625×10^{-5}	1	5.625×10^{-5}	0.74	0.4044

对二次方修正模型进行了 R^2 综合分析，见表 1-5，可以看出，R^2 校正值为 0.9181，R^2 预测值为 0.8726，两者均较大并且数值接近，体现了较好的一致性，这说明二次方修正模型的模拟精度较高，因此，决定采用二次方修正模型对分选精度实验进行模拟。通过模拟得出了分选精度与各操作参数间的数学关联式：

$$E_P = 1.031 + 3.693 \times 10^{-3}A + 0.013B - 3.542 \times 10^{-3}C - 0.195D - 6.491 \times 10^{-5}A^2 + 9.158 \times 10^{-3}D^2 \quad (1\text{-}1)$$

基于分选精度数学关联式，对预测结果和实验结果进行了对比分析，见表 1-6。学生化残差的正态分布如图 1-4 所示，实验值和预测值的对比如图 1-5 所示，可以看出学生化残差基本符合正态分布，实验值和预测值吻合度较高。

表 1-5 分选精度二次方修正模型的 R^2 综合分析

模型	标准偏差	R^2	R^2 校正值	R^2 预测值	预测残差平方和
二次方修正模型	8.410×10^{-3}	0.9357	0.9181	0.8726	3.079×10^{-3}

表 1-6 E_P实验值和预测值的比较

序号	实验值	预测值	残差	学生化残差
1	0.035	0.046	−0.011	−1.544
2	0.020	0.016	3.878×10^{-3}	0.538
3	0.060	0.071	−0.011	−1.544
4	0.045	0.041	3.878×10^{-3}	0.538
5	0.120	0.118	1.586×10^{-3}	0.220
6	0.110	0.104	5.753×10^{-3}	0.799
7	0.075	0.069	5.753×10^{-3}	0.799
8	0.050	0.055	-5.080×10^{-3}	−0.705
9	0.130	0.120	0.010	1.459
10	0.065	0.090	−0.025	−3.567
11	0.080	0.071	9.328×10^{-3}	1.340
12	0.045	0.041	4.328×10^{-3}	0.622
13	0.040	0.045	-4.697×10^{-3}	−0.648
14	0.065	0.070	-4.697×10^{-3}	−0.648
15	0.030	0.031	-5.303×10^{-4}	−0.073
16	0.055	0.056	-5.303×10^{-4}	−0.073
17	0.065	0.066	-7.055×10^{-4}	−0.098
18	0.045	0.036	9.295×10^{-3}	1.290
19	0.055	0.052	3.461×10^{-3}	0.480
20	0.025	0.022	3.461×10^{-3}	0.480
21	0.100	0.099	1.170×10^{-3}	0.162
22	0.130	0.124	6.170×10^{-3}	0.856
23	0.045	0.050	-4.664×10^{-3}	−0.647
24	0.065	0.075	-9.664×10^{-3}	−1.341
25	0.050	0.050	-1.136×10^{-4}	−0.014
26	0.055	0.050	4.886×10^{-4}	0.609
27	0.050	0.050	-1.136×10^{-4}	−0.014
28	0.050	0.050	-1.136×10^{-4}	−0.014
29	0.055	0.050	4.886×10^{-4}	0.609

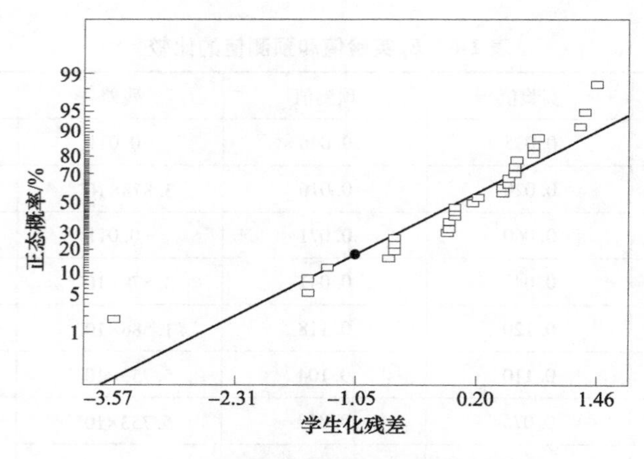

图 1-4　E_P值学生化残差的正态分布图

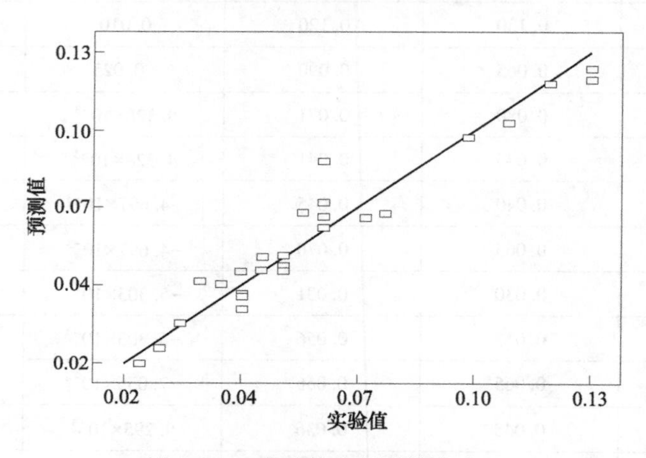

图 1-5　E_P实验值和预测值的对比

对二次方修正模型的模型参数进行了方差分析，见表 1-7，可以看出，A、B、C、D、D^2这 5 个模型参数是显著因素，其中 C 的显著程度最低。

表 1-7　分选密度二次方修正模型参数的方差分析

模型因素	平方和	自由度	均方	F 值	Prob>F
A	2.700×10^{-3}	1	2.700×10^{-3}	38.18	< 0.0001
B	1.875×10^{-3}	1	1.875×10^{-3}	26.51	< 0.0001
C	6.021×10^{-4}	1	6.021×10^{-4}	8.51	0.0080
D	7.252×10^{-3}	1	7.252×10^{-3}	102.55	< 0.0001
A^2	2.908×10^{-4}	1	2.908×10^{-4}	4.11	0.0548
D^2	9.263×10^{-3}	1	9.263×10^{-3}	130.97	< 0.0001

1.1.2.2 干燥温度和煤炭表面水分对分选精度的影响

图 1-6 为干燥时间为 5min、风量为 $10m^3/h$ 时，干燥温度和煤炭表面水分对分选精度的影响。由图 1-6 可知，煤炭表面水分一定时，随着干燥温度的升高，E_P值减小，分选精度增加，干燥温度为 50℃时，E_P值最小，分选精度最高；这是因为潮湿煤炭进入流化床后，会与床层中加重质发生黏附行为，自身的密度发生改变，使得轻产物容易沉降入重产物中，形成物料的错配，降低了分选精度，同时，分选物料在床层中运动时，煤炭表面黏附的潮湿介质会不断脱落于床层中，使得流化床整体的水分含量增加，分选环境很不稳定；干燥温度的升高，使得床层与煤炭黏附介质间的传热传质作用得到强化，水分子的扩散及蒸发速度增加，煤炭表面水分和黏附介质量下降，这有效抑制了煤炭表面水分对分选的影响；因此，干燥温度的升高可以改善分选效果。

从图 1-6 中还可以看出，干燥温度一定时，E_P值随着煤炭表面水分的升高，而不断增加，这是因为，煤炭表面水分的增加，会加重潮湿煤炭同流化床之间的水分传递现象，同时还会增加煤炭表面介质黏附量，部分低密度煤炭因黏附介质后密度的增大，沉入矸石层，从而恶化了分选效果，导致分选精度降低。

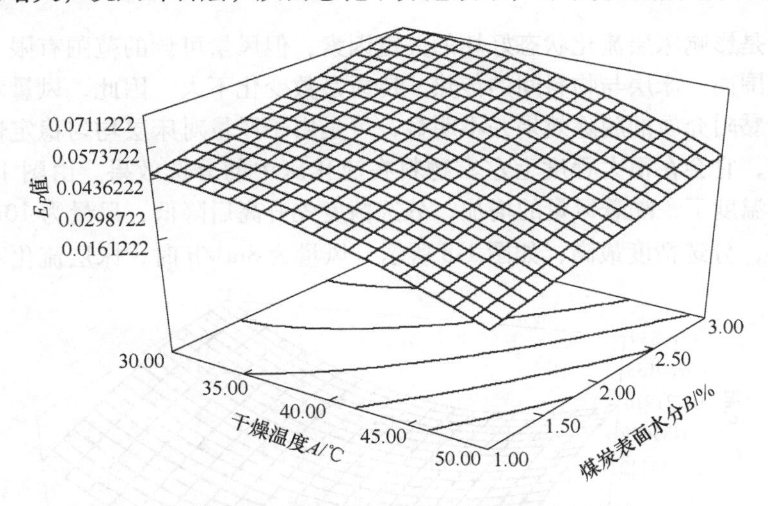

图 1-6 干燥温度和煤炭表面水分对 E_P值的影响

1.1.2.3 干燥时间和风量对分选精度的影响

干燥时间的长短，意味着潮湿煤炭和热态加重质接触时间的多少，考察干燥时间对分选精度的影响有利于确定合适的干燥时间。图 1-7 为表面水分为 2%、风量为 $10m^3/h$ 时，干燥时间对分选精度的影响。由图 1-7 可知，当干燥温度一定时，随着干燥时间的增加，分选精度升高，干燥时间为 5min 时，E_P值最小，分选精度最高；这是因为在合适的分选环境下，干燥时间的增长，可以使物料在流化床中的传热传质和分选充分进行，有助于煤炭表面水分的脱除，同时还可以抑制流化床内部水分的累积，减弱了煤炭表面水分对分选效果的影响。

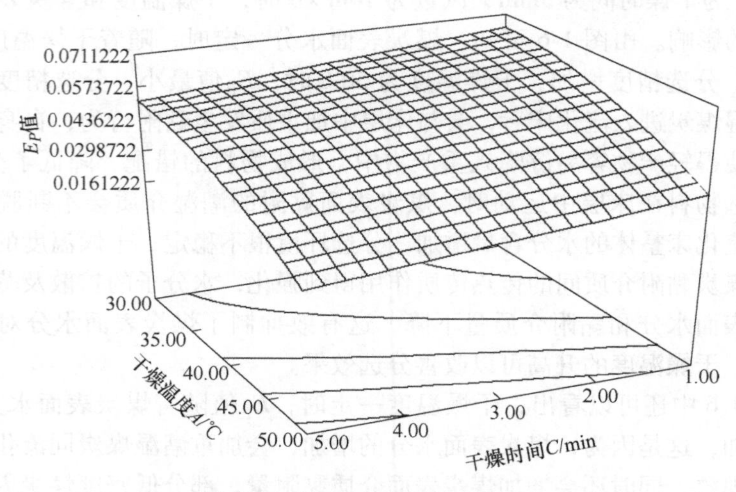

图 1-7　干燥时间对 E_P值的影响

风量是影响床层流化状态好坏的关键因素，但风量可调的范围有限，在合适的风量范围内，床层与物料间的传热、传质系数变化不大，因此，风量对煤炭表面水分及黏附介质的脱除效果并不明显，可是由于风量对床层均匀稳定性影响严重，所以，它会在很大程度上左右物料在流化床中的分选效果。由图 1-8 可知，相同干燥温度下，随着风量的增加，分选精度先升高后降低，风量为 $10m^3/h$ 时，E_P值最小，分选精度最高；如图 1-8 所示，风量为 $8m^3/h$ 时，床层流化不充分并

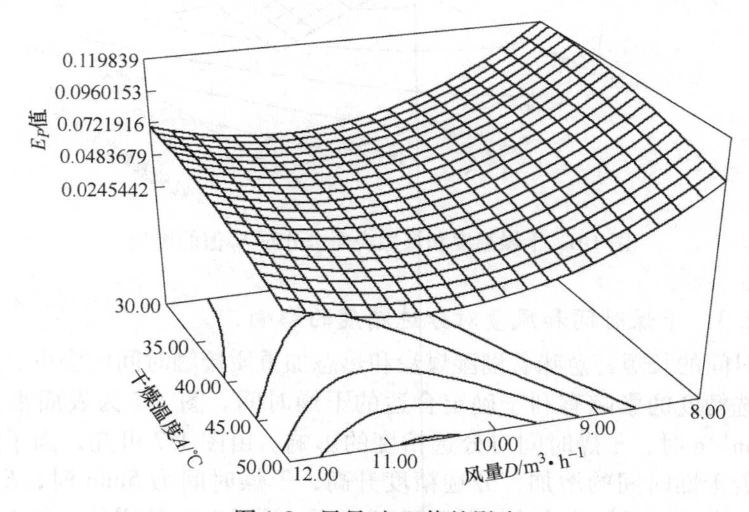

图 1-8　风量对 E_P值的影响

且比较黏稠，分选精度较低；风量增至10m³/h时，床层活性增强，可以形成密度均匀、稳定的流化床，分选精度最高；风量为12m³/h时，床层的运动错配效应明显，稳定性变差，分选效果恶化。

1.1.3 热态空气重介质流化床的分选密度

1.1.3.1 分选密度数学关联式的建立

根据分选密度实验数据，对Design-Expert推荐的两种模型进行了R^2综合分析，见表1-8，结果表明，两种模型中，二次方模型的标准偏差和预测残差平方和都小于2FI模型，并且R^2校正值、R^2预测值都大于2FI模型，这说明二次方模型适合用于实验结果的模拟及分析。

表1-8 分选密度R^2综合分析

模型	标准偏差	R^2	R^2校正值	R^2预测值	预测残差平方和	结果
2FI模型	0.032	0.1616	-0.3041	-1.5349	0.057	
二次方模型	7.272×10^{-3}	0.9672	0.9344	0.8259	3.929×10^{-3}	接受

对二次方模型的模型参数进行了方差分析，见表1-9，采用F值检验法对模型参数的显著性进行了检验，其中，当模型参数的“Prob>F”大于0.1时，说明该参数不显著；当“Prob>F”小于0.05时，说明该参数显著，从表1-9中可以看出模型中的A^2、B^2、C^2、AB、AC、BC、BD、CD等因素的显著性较差，为了改善模拟效果，将这些因素去除，建立了新的模型即二次方修正模型。

表1-9 分选密度二次方模型参数的方差分析

模型因素	平方和	自由度	均方	F值	Prob>F
A	1.102×10^{-3}	1	1.102×10^{-3}	20.84	0.0004
B	6.750×10^{-4}	1	6.750×10^{-4}	12.76	0.0031
C	5.333×10^{-4}	1	5.333×10^{-4}	10.08	0.0067
D	9.188×10^{-4}	1	9.188×10^{-4}	17.37	0.0009
A^2	1.802×10^{-7}	1	1.802×10^{-7}	3.407×10^{-3}	0.9543
B^2	1.893×10^{-5}	1	1.893×10^{-5}	0.36	0.5592
C^2	1.363×10^{-6}	1	1.363×10^{-6}	0.03	0.8748
D^2	0.017	1	0.017	320.05	< 0.0001
AB	6.250×10^{-6}	1	6.250×10^{-6}	0.12	0.7361
AC	0.000	1	0.000	0.00	1.0000

续表 1-9

模型因素	平方和	自由度	均方	*F* 值	Prob>*F*
AD	4.000×10^{-4}	1	4.000×10^{-4}	7.56	0.0156
BC	6.250×10^{-6}	1	6.250×10^{-6}	0.12	0.7361
BD	0.000	1	0.000	0.00	1.0000
CD	6.250×10^{-6}	1	6.250×10^{-6}	0.12	0.7361

对二次方修正模型进行了 R^2 综合分析，见表 1-10，可以看出，R^2 校正值为 0.9560，R^2 预测值为 0.9218，两者均较大并且数值接近，体现了较好的一致性，这说明二次方修正模型的模拟精度较高，因此，决定采用二次方修正模型对分选密度实验进行模拟。通过模拟得出了分选密度 δ 与各操作参数间的数学关联式：

$$\delta = 2.759 + 5.958 \times 10^{-3}A - 7.500 \times 10^{-3}B + 3.333 \times 10^{-3}C - 0.238D + 0.013D^2 - 5.000 \times 10^{-4}AD \quad (1\text{-}2)$$

表 1-10 分选密度二次方修正模型的 R^2 综合分析

模型	标准偏差	R^2	R^2 校正值	R^2 预测值	预测残差平方和
二次方修正模型	5.954×10^{-3}	0.9654	0.9560	0.9218	1.765×10^{-3}

基于分选密度数学关联式（1-2），对预测结果和实验结果进行了对比分析，见表 1-11。学生化残差的正态分布如图 1-9 所示，实验值和预测值的对比如图 1-10 所示，可以看出学生化残差基本符合正态分布，实验值和预测值吻合度较高。

表 1-11 分选密度实验值和预测值的比较

序号	实验值/g · cm^{-3}	预测值/g · cm^{-3}	残差	学生化残差
1	1.665	1.676	−0.011	−2.072
2	1.695	1.695	-2.451×10^{-5}	−0.005
3	1.660	1.661	-8.578×10^{-4}	−0.164
4	1.685	1.680	4.975×10^{-3}	0.949
5	1.730	1.731	-8.333×10^{-4}	−0.162
6	1.740	1.744	-4.167×10^{-3}	−0.808
7	1.710	1.713	-3.333×10^{-3}	−0.646
8	1.725	1.727	-1.667×10^{-3}	−0.323
9	1.725	1.718	7.083×10^{-3}	1.682
10	1.750	1.757	-7.083×10^{-3}	−1.682
11	1.725	1.720	4.583×10^{-3}	1.089

续表 1-11

序号	实验值/g·cm⁻³	预测值/g·cm⁻³	残差	学生化残差
12	1.710	1.720	-9.583×10^{-3}	−2.276
13	1.685	1.679	6.225×10^{-3}	1.188
14	1.660	1.664	-3.775×10^{-3}	−0.720
15	1.700	1.692	7.892×10^{-3}	1.506
16	1.670	1.677	-7.108×10^{-3}	−1.356
17	1.660	1.662	-1.691×10^{-3}	−0.323
18	1.685	1.681	4.142×10^{-3}	0.790
19	1.675	1.675	-2.451×10^{-5}	−0.005
20	1.700	1.694	5.809×10^{-3}	1.108
21	1.745	1.745	0.000	0.000
22	1.735	1.730	5.000×10^{-3}	0.970
23	1.730	1.728	2.500×10^{-3}	0.485
24	1.720	1.713	7.500×10^{-3}	1.454
25	1.680	1.678	2.059×10^{-3}	0.356
26	1.680	1.678	2.059×10^{-3}	0.356
27	1.670	1.678	-7.941×10^{-3}	−1.375
28	1.675	1.678	-2.941×10^{-3}	−0.509
29	1.680	1.678	2.059×10^{-3}	0.356

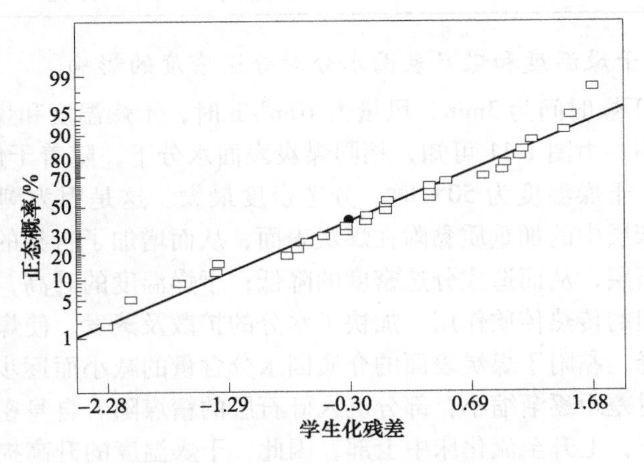

图 1-9 分选密度学生化残差的正态分布图

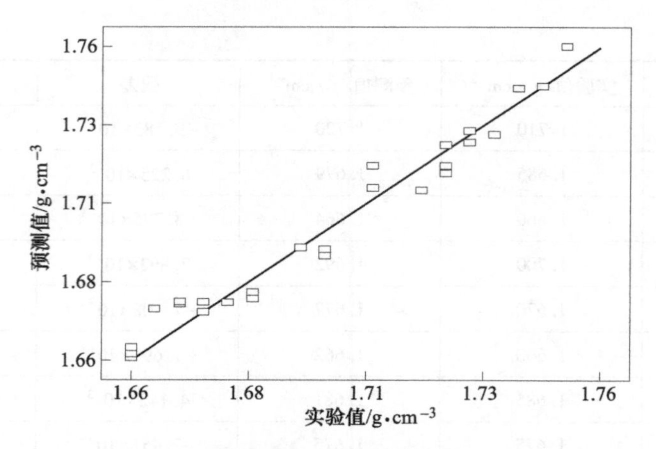

图 1-10　分选密度实验值和预测值的对比

对二次方修正模型的模型参数进行了方差分析，见表 1-12，可以看出，A、B、C、D、D^2、AD 这 6 个模型参数都为显著因素，其中 A、D、D^2 显著程度最高，其次是 B、C、AD。

表 1-12　分选密度二次方修正模型参数的方差分析

模型因素	平方和	自由度	均方	F 值	Prob>F
A	1.102×10^{-3}	1	1.102×10^{-3}	31.08	<0.0001
B	6.750×10^{-4}	1	6.750×10^{-4}	19.04	0.0002
C	5.333×10^{-4}	1	5.333×10^{-4}	15.04	0.0008
D	9.188×10^{-4}	1	9.188×10^{-4}	25.91	< 0.0001
D^2	0.018	1	0.018	512.18	< 0.0001
AD	4.000×10^{-4}	1	4.000×10^{-4}	11.28	0.0028

1.1.3.2　干燥温度和煤炭表面水分对分选密度的影响

图 1-11 为干燥时间为 3min、风量为 10m³/h 时，干燥温度和煤炭表面水分对分选精度的影响。由图 1-11 可知，相同煤炭表面水分下，随着干燥温度的升高，分选密度增加，干燥温度为 50℃时，分选密度最大。这是因为潮湿煤炭进入流化床后，会将床层中的加重质黏附在煤炭表面，从而增加了自身的密度，部分轻产物会沉入矸石层，从而造成分选密度的降低；干燥温度的升高，强化了床层与煤炭黏附介质间的传热传质作用，加快了水分的扩散及蒸发，使煤炭表面黏附介质水分含量下降，黏附于煤炭表面的介质因水分含量的减小而逐步脱落，煤炭整体密度与入选时差距逐渐缩小，部分沉入矸石层的精煤随着自身密度的减小，在床层浮力作用下，上升至流化床中上部，因此，干燥温度的升高提高了床层的分选密度。

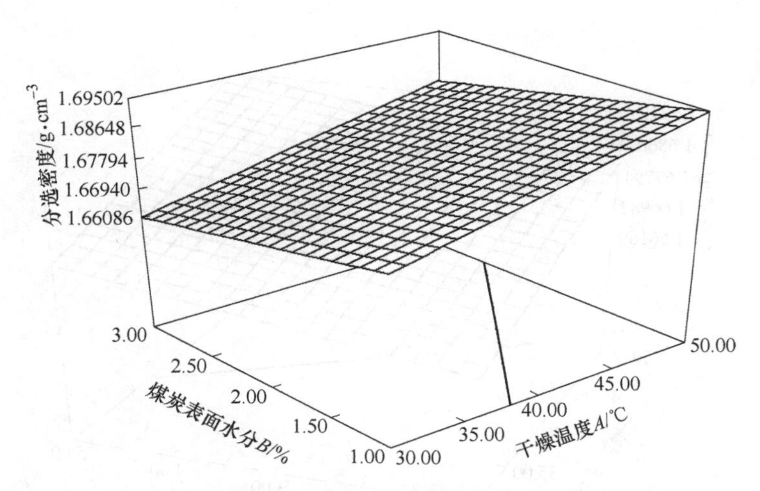

图 1-11 干燥温度和煤炭表面水分对分选密度的影响

从图 1-11 还可以看出，相同干燥温度下，随着煤炭表面水分的升高，分选密度减少，当煤炭表面水分为 3%时，分选密度最小。这是因为在分选过程中，煤炭表面水分的升高，会增加煤炭表面的介质黏附量，加重了煤炭本身的平均密度，部分低密度煤炭因黏附介质后密度的增大，沉入矸石层，造成分选密度的下降。

1.1.3.3 干燥时间和风量对分选密度的影响

图 1-12 为表面水分为 2%、风量为 $10m^3/h$ 时，干燥时间对分选密度的影响。由图 1-12 可知，相同风量下，随着干燥时间的增加，分选密度增大，当干燥时间为 5min 时，分选密度最大；这是因为干燥时间越长，煤炭表面水分被脱除得越多，煤炭表面黏附的介质也越少，因黏附加重质多而沉入矸石层的轻产物越少，因此分选密度会增大。

风量是影响流化床流化状态的重要因素，风量的变化会使流化床内部流化颗粒的运动状态发生改变，进而影响床层的活性及均匀稳定性，合适的风量会为分选创造良好的环境。图 1-13 为煤炭表面水分为 2%、干燥时间为 3min 时，风量对分选密度的影响。由图 1-13 可知，随着风量的增加，分选密度先减小后增大，当风量为 $10m^3/h$ 时，分选密度最小。这是因为，在合理风量范围内，随着风量的增加，床层的活性增强，运动错配效应增加，同时床层黏性降低，这导致了床层密度的减小，因分选密度与床层密度有一定的关联性，并且床层流化状态越好，分选密度同床层密度间的关联性越强，因此，风量的增大也会导致分选密度的减小；当风量过大时，床层密度可能仍会小幅下降，但由于床层中运动错配效应增加，加重质返混程度增大，床层的均匀稳定性变差，床层中的物料容易发生错配，并且错配入轻产物中的重产物会多于错配入重产物中的轻产物，因此，床层的分选密度会增大。

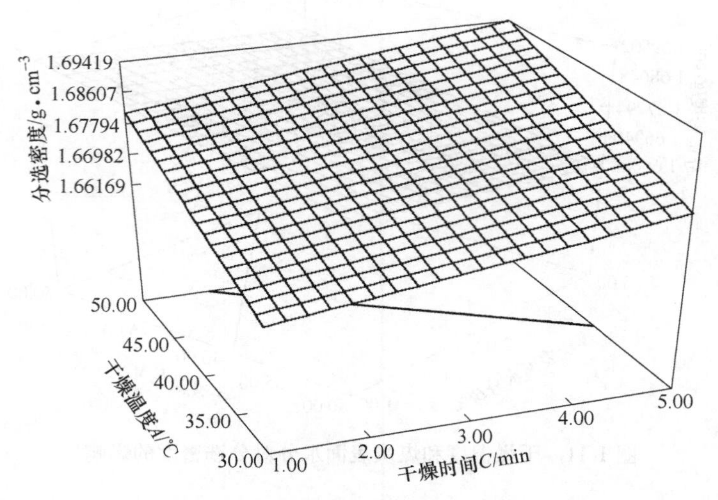

图 1-12 干燥时间对分选密度的影响

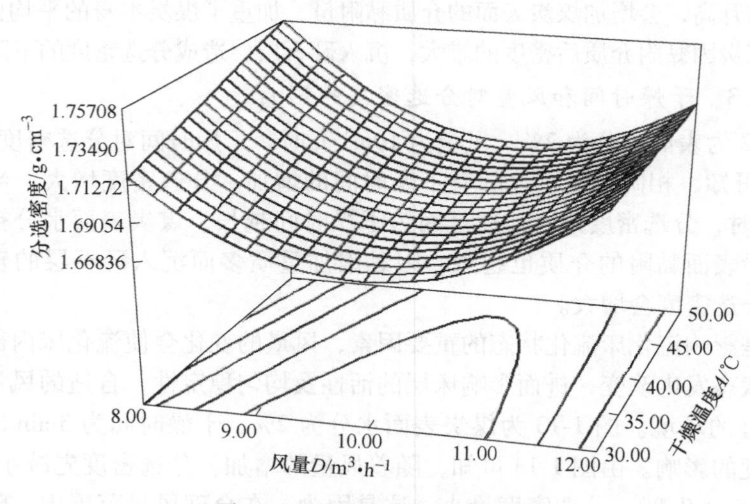

图 1-13 风量对分选密度的影响

1.2 热态空气重介质流化床中煤炭的干燥破碎行为

由于自行研制的空气重介质干燥与分选一体化装置引入了热能，水分含量较高的煤炭，尤其是褐煤，在热态流化床分选过程中，自身的空隙结构、脆性等物性会不断发生改变，再加上煤炭在流化床中的不断碰撞、摩擦作用，使煤炭容易发生破碎，并且因实际生产中分选机排料端距振动脱介筛有一定高度，选后产品跌入脱介筛后，也容易发生破碎；破碎后产生<1mm 的煤粉，不能通过正常的脱介筛筛除，会同磁铁矿粉一起进入筛下介质，并参与到分流作业中，因此研究热态流化床中煤炭的破碎行为十分必要，可对分流量的控制以及非磁性物脱除工作起指导作用。

1.2.1 实验及方法

实验采用空气重介质流化床干燥与分选一体化实验系统，选用的煤炭仍为1号褐煤。借助 Design-Expert 6.08 软件，完成实验设计，并对实验结果进行了分析和讨论，考察了干燥温度、煤炭表面水分、干燥时间、风量等因素对流化床干燥破碎行为的影响，建立了流化床干燥破碎行为相关的数学模型，实验设计及结果见表 1-13。实验具体操作为：选取一定质量表面干燥的 50~25mm 煤样，进行人工加湿，然后立即放入流化床中，在设定条件下进行实验。因<0.3mm 的煤粉和介质很难有效分离，并且<0.3mm 的煤粉量不多，所以选取 1~0.3mm 煤粉作为破碎煤粉研究。实验结束后，将煤样与床内介质一起取出，并用 25mm、1mm、0.3mm 的筛子筛分，分别称取>25mm、25~1mm 以及 1~0.3mm 煤样的质量，将 25~0.3mm 煤样质量占>0.3mm 煤样质量的百分比定义为破碎百分比，将 1~0.3mm 煤样质量占>0.3mm 煤样质量的百分比定义为破碎煤粉含量；为考察经流化床干燥后煤炭的跌落破碎规律，进行了跌落破碎实验，根据实际生产中分选机排料端距振动脱介筛的高度，选取 0.8m 作为脱落高度，为使数据更为准确，跌落次数选为 3 次。因流化床破碎产生的<1mm 煤粉会随介质进入脱介筛的筛下物，研究其跌落规律意义不大，所以跌落实验前将此部分煤粉用 1mm 筛子脱除，然后将剩余煤炭从 0.8mm 高处跌落至刚性筛板上，反复跌落 3 次后，用 25mm、1mm、0.3mm 的筛子筛分，并称取>25mm、25~1mm 及 1~0.3mm 煤样的质量，将>25mm 煤样质量占>0.3mm 煤样质量的百分比定义为跌落强度，将 1~0.3mm 煤样质量占>0.3mm 煤样质量的百分比定义为跌落煤粉含量。实验结果以破碎百分比、破碎煤粉含量、跌落强度和跌落煤粉含量为评价指标。实验参数：干燥温度为 30℃、40℃、50℃，煤炭表面水分为 1%、2%、3%，干燥时间为 1min、3min、5min，风量为 $8m^3/h$、$10m^3/h$、$12m^3/h$。

表 1-13 煤炭干燥分选过程破碎行为实验设计及结果

序号	干燥温度/℃	煤炭表面水分/%	干燥时间/min	风量/$m^3 \cdot h^{-1}$	破碎比/%	破碎煤粉含量/%	跌落强度/%	跌落煤粉含量/%
1	40	1	3	11	0.120	0.032	80.390	0.110
2	50	2	5	10	0.250	0.045	69.710	0.310

续表 1-13

序号	干燥温度/℃	煤炭表面水分/%	干燥时间/min	风量/$m^3 \cdot h^{-1}$	破碎比/%	破碎煤粉含量/%	跌落强度/%	跌落煤粉含量/%
3	50	3	3	10	0.165	0.050	69.800	0.310
4	40	1	1	10	0.045	0.005	89.770	0.040
5	40	2	3	10	0.090	0.025	85.690	0.090
6	40	2	3	10	0.087	0.021	85.710	0.100
7	40	2	3	10	0.085	0.025	85.570	0.090
8	40	1	5	10	0.090	0.021	79.660	0.160
9	40	3	1	10	0.080	0.022	82.500	0.150
10	40	2	1	11	0.045	0.013	88.500	0.050
11	40	3	3	11	0.200	0.039	75.400	0.240
12	50	2	1	10	0.125	0.018	77.210	0.170
13	40	2	1	9	0.070	0.005	88.510	0.030
14	50	2	3	9	0.095	0.020	77.370	0.050
15	50	2	3	11	0.245	0.042	62.560	0.170
16	40	2	3	10	0.090	0.025	85.610	0.100
17	30	2	3	11	0.070	0.019	81.500	0.090
18	40	2	5	11	0.165	0.026	80.300	0.210
19	40	2	5	9	0.115	0.026	79.510	0.160
20	30	2	5	10	0.060	0.028	82.300	0.180
21	40	3	5	10	0.215	0.038	73.900	0.370
22	40	1	3	9	0.075	0.014	94.170	0.035
23	40	2	3	10	0.100	0.026	84.670	0.090
24	30	1	3	10	0.040	0.015	94.980	0.020
25	40	3	3	9	0.120	0.020	81.000	0.080
26	30	3	3	10	0.070	0.030	83.400	0.140
27	30	2	1	10	0.030	0.010	91.360	0.040
28	30	2	3	9	0.035	0.005	89.980	0.035
29	50	1	3	10	0.120	0.030	74.530	0.190

1.2.2　热态空气重介质流化床中煤炭的破碎百分比

1.2.2.1　破碎百分比数学关联式的建立

根据破碎百分比实验数据，对 Design-Expert 推荐的两种模型进行了 R^2 综合分析，见表1-14，结果表明，两种模型的标准偏差、R^2校正值相差不大，但2FI模型的R^2预测值大于二次方模型，预测残差平方和小于二次方模型，这说明2FI模型适合用于实验结果的模拟及分析，但考虑到2FI模型的R^2校正值为0.8435，R^2预测值为0.6989，两者有一定差距，说明该模型的模拟精度有待提高，因此需要对2FI模型进行修正。

表1-14　破碎百分比R^2综合分析

模型	标准偏差	R^2	R^2校正值	R^2预测值	预测残差平方和	结果
2FI模型	0.024	0.8994	0.8435	0.6989	0.030	接受
二次方模型	0.024	0.9189	0.8377	0.5382	0.047	

对2FI模型的模型参数进行了方差分析，见表1-15，采用F值检验法对模型参数的显著性进行了检验，其中，当模型参数的“Prob>F”大于0.1时，说明该参数不显著，当“Prob>F”小于0.05时，说明该参数显著，从表1-15中可以看出模型中的AB、BD、CD等因素的显著性较差，为了改善模拟效果，将这些因素去除，建立了新的模型即2FI修正模型。

表1-15　破碎百分比2FI模型参数的方差分析

模型因素	平方和	自由度	均方	F值	Prob>F
A	0.040	1	0.040	71.47	< 0.0001
B	0.011	1	0.011	19.18	0.0004
C	0.021	1	0.021	36.99	< 0.0001
D	9.352×10^{-3}	1	9.352×10^{-3}	16.61	0.0007
AB	5.625×10^{-5}	1	5.625×10^{-5}	0.10	0.7556
AC	2.256×10^{-3}	1	2.256×10^{-3}	4.01	0.0606
AD	3.306×10^{-3}	1	3.306×10^{-3}	5.87	0.0262
BC	2.025×10^{-3}	1	2.025×10^{-3}	3.60	0.0741
BD	3.062×10^{-4}	1	3.062×10^{-4}	0.54	0.4704
CD	1.406×10^{-3}	1	1.406×10^{-3}	2.50	0.1315

对2FI修正模型进行了R^2综合分析，见表1-16，可以看出，R^2校正值为0.8424，R^2预测值为0.7703，两者均较大并且数值接近，体现了较好的一致性，这说明2FI修正模型的模拟精度较高，因此，决定采用2FI修正模型对破碎百分比实验进行模拟。

表 1-16　2FI 破碎百分比修正模型的 R^2 综合分析

模型	标准偏差	R^2	R^2 校正值	R^2 预测值	预测残差平方和
二次方修正模型	0.024	0.8818	0.8424	0.7703	0.023

通过模拟得出了破碎百分比与各操作参数间的数学关联式：

$$破碎百分比(\%) = 0.833 - 0.027A - 3.750 \times 10^{-3}B - 0.049C - 0.087D + 1.188 \times 10^{-3}AC + 2.875 \times 10^{-3}AD + 0.011BC \tag{1-3}$$

基于破碎百分比数学关联式（1-3），对预测结果和实验结果进行了对比分析，见表 1-17。破碎百分比学生化残差正态分布如图 1-14 所示，实验值和预测值的对比如图 1-15 所示，可以看出学生化残差基本符合正态分布，实验值和预测值吻合度较高。

表 1-17　破碎百分比实验值和预测值的比较

序号	实验值/%	预测值/%	残差	学生化残差
1	0.040	0.019	0.021	0.993
2	0.120	0.135	−0.015	−0.691
3	0.070	0.079	-8.876×10^{-3}	−0.417
4	0.165	0.195	−0.030	−1.396
5	0.070	0.037	0.033	1.541
6	0.115	0.121	-5.543×10^{-3}	−0.260
7	0.045	0.093	−0.048	−2.258
8	0.165	0.176	−0.011	−0.535
9	0.035	0.050	−0.015	−0.834
10	0.095	0.108	−0.013	−0.739
11	0.070	0.048	0.022	1.245
12	0.245	0.221	0.024	1.339
13	0.045	0.058	−0.013	−0.716
14	0.080	0.073	7.374×10^{-3}	0.418
15	0.090	0.096	-5.960×10^{-3}	−0.338
16	0.215	0.201	0.014	0.796
17	0.030	0.031	-9.598×10^{-4}	−0.054
18	0.125	0.099	0.026	1.457
19	0.060	0.067	-6.793×10^{-3}	−0.385
20	0.250	0.230	0.020	1.127

续表 1-17

序号	实验值/%	预测值/%	残差	学生化残差
21	0.075	0.049	0.026	1.228
22	0.120	0.109	0.011	0.523
23	0.120	0.105	0.015	0.718
24	0.200	0.165	0.035	1.658
25	0.100	0.107	-6.793×10^{-3}	-0.290
26	0.090	0.107	-0.017	-0.718
27	0.085	0.107	-0.022	-0.931
28	0.087	0.107	-0.020	-0.846
29	0.090	0.107	-0.017	-0.718

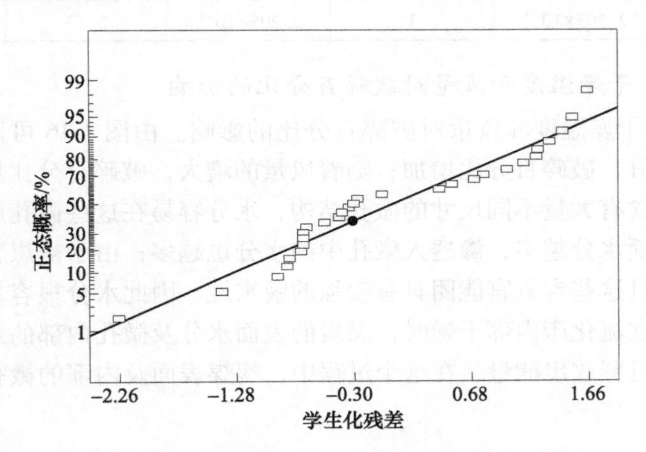

图 1-14 破碎百分比学生化残差的正态分布图

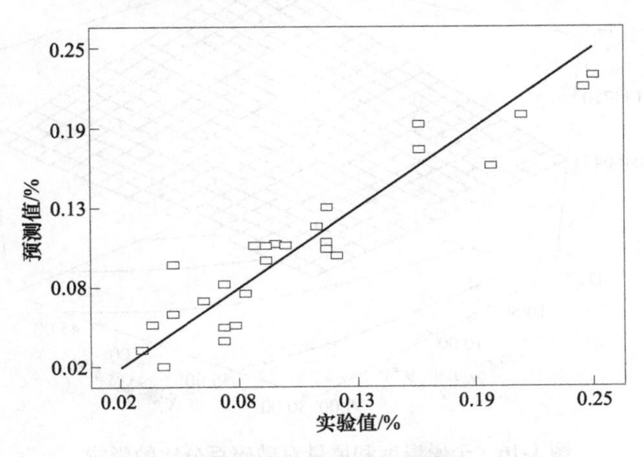

图 1-15 破碎百分比实验值和预测值的对比

对二次方修正模型的模型参数进行了方差分析，见表 1-18，可以看出，*A*、*B*、*C*、*D*、*AD* 这 5 个模型参数是显著因素，其中 *A*、*C* 的显著程度最高，其次是 *B*、*D*、*AD*。

表 1-18　破碎百分比 2FI 修正模型参数的方差分析

模型因素	平方和	自由度	均方	*F* 值	Prob>*F*
A	0.040	1	0.040	71.00	< 0.0001
B	0.011	1	0.011	19.05	0.0003
C	0.021	1	0.021	36.75	< 0.0001
D	9.352×10^{-3}	1	9.352×10^{-3}	16.50	0.0006
AC	2.256×10^{-3}	1	2.256×10^{-3}	3.98	0.0592
AD	3.306×10^{-3}	1	3.306×10^{-3}	5.83	0.0249
BC	2.205×10^{-3}	1	2.205×10^{-3}	3.57	0.0727

1.2.2.2　干燥温度和风量对破碎百分比的影响

图 1-16 为干燥温度和风量对破碎百分比的影响。由图 1-16 可以看出，随着干燥温度的上升，破碎百分比增加；随着风量的增大，破碎百分比增加。这是因为，褐煤内部含有大量不同尺寸的微孔结构，水分容易在这些微孔中以簇状结构贮存，煤炭表面水分越多，渗透入微孔中的水分也越多；由于褐煤含有丰富的含氧官能团，并且这些含氧官能团具有较强的吸水性，因此水分很容易跟这些官能团结合；煤炭在流化床内部干燥时，煤炭的表面水分及微孔内部的水分会发生扩散及相变，并且释放出能量，在这个过程中，褐煤表面及内部的微孔结构遭到破

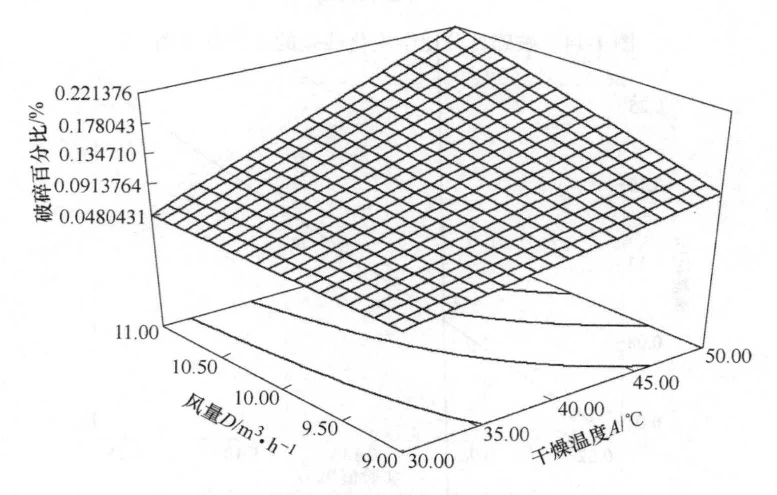

图 1-16　干燥温度和风量对破碎百分比的影响

坏，部分结构会坍塌，微孔的尺寸、数目也会不断减小，导致褐煤体积收缩，也造成了煤炭整体脆度和硬度的增加；干燥温度的增加，加大了潮湿煤炭同热态流化床之间的传热传质强度，煤炭内部水分子的运动状态加剧，扩散及蒸发速率增加，进而对褐煤结构产生影响，使褐煤更易破碎，因此，随着干燥温度的升高，破碎百分比也会增加。风量的增大，会使气固间的接触更为充分，传热传质的效率提高，褐煤之间相互碰撞和摩擦的强度增加，因此随着风量的增大，褐煤破碎的概率增加，破碎百分比升高。

1.2.2.3 干燥时间和煤炭表面水分对破碎百分比的影响

图 1-17 为干燥时间和煤炭表面水分对破碎百分比的影响。由图 1-17 可以看出，破碎百分比随干燥时间的增加而增加，随煤炭表面水分的增多而增加。这是由于干燥时间的增加，使得煤炭同热态流化接触的时间变长，水分扩散及蒸发总量增加，这加大了干燥对褐煤结构的破坏程度，因此破碎百分比会随干燥时间的增加而增大。随着煤炭表面水分的增加，水分和褐煤接触面积增大，水分的扩散及蒸发量增多，对褐煤结构影响的严重性增强，煤炭在流化床干燥及煤炭间碰撞、摩擦过程中也越容易破碎，所以破碎百分比会随煤炭表面水分的增加而增大。

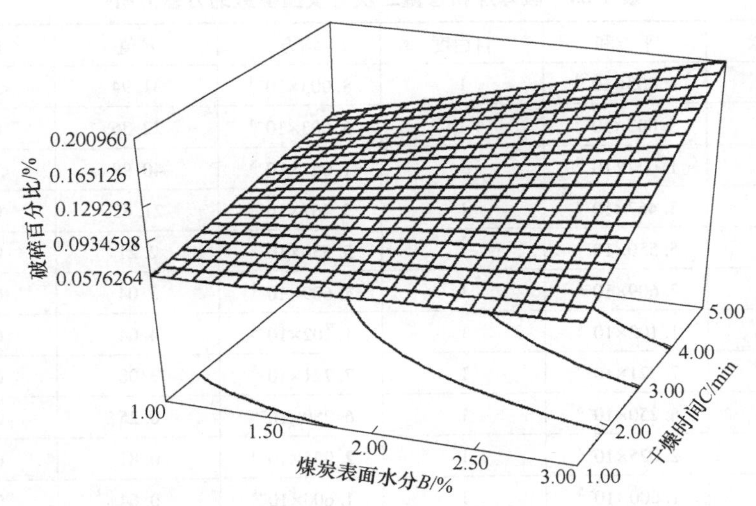

图 1-17 干燥时间和煤炭表面水分对破碎百分比的影响

1.2.3 热态空气重介质流化床中煤炭的破碎煤粉含量

1.2.3.1 破碎煤粉含量数学关联式的建立

根据破碎煤粉含量实验数据，对 Design-Expert 推荐的两种模型进行了 R^2 综合分析，见表 1-19，结果表明，两种模型中，二次方模型的标准偏差和预测残差平方和都小于2FI模型，并且R^2校正值、R^2预测值都大于2FI模型，这说明二次方模型适合用于实验结果的模拟及分析，但考虑到二次方模型的R^2校正值为0.8117，R^2预测值为0.4747，两者数值差距十分大，说明该模型的模拟精度有待提高，因此需要对二次方模型进行修正。

表1-19 破碎煤粉含量R^2综合分析

模型	标准偏差	R^2	R^2校正值	R^2预测值	预测残差平方和	结果
2FI模型	6.377×10^{-3}	0.8035	0.6943	0.3573	2.394×10^{-3}	
二次方模型	5.006×10^{-3}	0.9058	0.8117	0.4747	1.957×10^{-3}	接受

对二次方模型的模型参数进行了方差分析，见表1-20，采用F值检验法对模型参数的显著性进行了检验，其中，当模型参数的"Prob>F"大于0.1时，说明该参数不显著；当"Prob>F"小于0.05时，说明该参数显著，从表1-20中可以看出模型中的AB、AC、AD、BC、BD、CD等因素的显著性较差，为了改善模拟效果，将这些因素去除，建立了新的模型即二次方修正模型。

表1-20 破碎煤粉含量二次方模型参数的方差分析

模型因素	平方和	自由度	均方	F值	Prob>F
A	8.003×10^{-4}	1	8.003×10^{-4}	31.94	< 0.0001
B	5.603×10^{-4}	1	5.603×10^{-4}	22.36	0.0003
C	1.027×10^{-3}	1	1.027×10^{-3}	40.98	< 0.0001
D	5.467×10^{-4}	1	5.467×10^{-4}	21.82	0.0004
A^2	5.550×10^{-5}	1	5.550×10^{-5}	2.21	0.1589
B^2	7.609×10^{-5}	1	7.609×10^{-5}	3.04	0.1033
C^2	1.102×10^{-4}	1	1.102×10^{-4}	4.04	0.0641
D^2	7.721×10^{-5}	1	7.721×10^{-5}	3.08	0.1010
AB	6.250×10^{-6}	1	6.250×10^{-6}	0.25	0.6252
AC	2.025×10^{-5}	1	2.025×10^{-5}	0.81	0.3839
AD	1.600×10^{-5}	1	1.600×10^{-5}	0.64	0.4376
BC	0.000	1	0.000	0.00	1.0000
BD	2.500×10^{-7}	1	2.500×10^{-7}	0.01	0.9218
CD	1.600×10^{-5}	1	1.600×10^{-5}	0.64	0.4376

对二次方修正模型进行了R^2综合分析，见表1-21，可以看出，R^2校正值为0.8461，R^2预测值为0.7554，两者均较大并且数值接近，体现了较好的一致性，这说明二次方修正模型的模拟精度较高，因此，决定采用二次方修正模型对破碎

煤粉含量实验进行模拟。

表 1-21 破碎煤粉含量二次方修正模型的 R^2 综合分析

模型	标准偏差	R^2	R^2校正值	R^2预测值	预测残差平方和
二次方修正模型	4.525×10^{-3}	0.8901	0.8461	0.7554	9.110×10^{-4}

通过模拟得出了破碎煤粉含量与各操作参数间的数学关联式：

$$破碎煤粉含量(\%) = -0.397 - 1.523\times10^{-3}A - 6.867\times10^{-3}B + 0.011C + 0.076D + 2.925\times10^{-5}A^2 + 3.425\times10^{-3}B^2 - 9.875\times10^{-4}C^2 - 3.450\times10^{-3}D^2 \tag{1-4}$$

基于破碎煤粉含量数学关联式（1-4），对预测结果和实验结果进行了对比分析，见表 1-22。学生化残差的正态分布如图 1-18 所示，实验值和预测值的对比如图 1-19 所示，可以看出学生化残差基本符合正态分布，实验值和预测值吻合度较高。

表 1-22 破碎煤粉含量实验值和预测值的比较

序号	实验值/%	预测值/%	残差	学生化残差
1	0.015	0.016	-7.500×10^{-4}	-0.203
2	0.030	0.032	-2.083×10^{-3}	-0.564
3	0.030	0.029	5.833×10^{-4}	0.158
4	0.050	0.046	4.250×10^{-3}	1.150
5	0.005	0.001	4.000×10^{-3}	1.083
6	0.026	0.020	6.500×10^{-3}	1.759
7	0.013	0.015	-1.500×10^{-3}	-0.406
8	0.026	0.033	-7.000×10^{-3}	-1.895
9	0.005	0.009	-3.958×10^{-3}	-1.071
10	0.020	0.025	-5.292×10^{-3}	-1.432
11	0.019	0.022	-3.458×10^{-3}	-0.936
12	0.042	0.039	3.208×10^{-3}	0.868
13	0.005	0.008	-2.792×10^{-3}	-0.756
14	0.022	0.021	5.417×10^{-4}	0.147
15	0.021	0.026	-5.292×10^{-3}	-1.432
16	0.038	0.040	-1.958×10^{-3}	-0.530
17	0.010	0.006	4.042×10^{-3}	1.094
18	0.018	0.022	-4.292×10^{-3}	-1.162
19	0.028	0.024	3.542×10^{-3}	0.959
20	0.045	0.041	4.208×10^{-3}	1.139
21	0.014	0.011	3.208×10^{-3}	0.868

续表 1-22

序号	实验值/%	预测值/%	残差	学生化残差
22	0.020	0.024	-4.458×10^{-3}	−1.207
23	0.032	0.024	7.708×10^{-3}	2.086
24	0.039	0.038	1.042×10^{-3}	0.282
25	0.026	0.024	1.600×10^{-3}	0.395
26	0.025	0.024	6.000×10^{-4}	0.148
27	0.025	0.024	6.000×10^{-4}	0.148
28	0.021	0.024	-3.400×10^{-3}	−0.840
29	0.025	0.024	6.000×10^{-4}	0.148

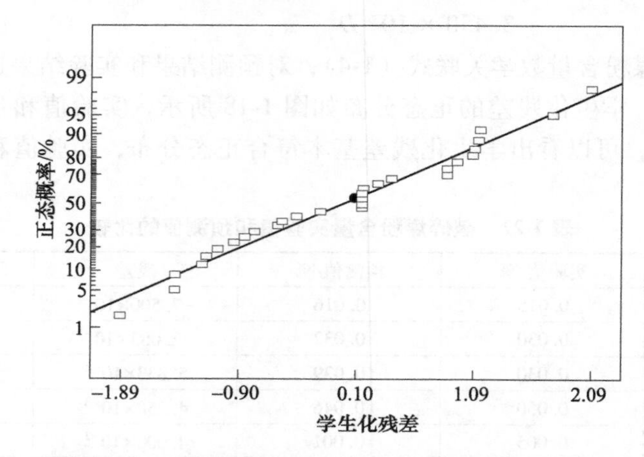

图 1-18 破碎煤粉含量学生化残差的正态分布图

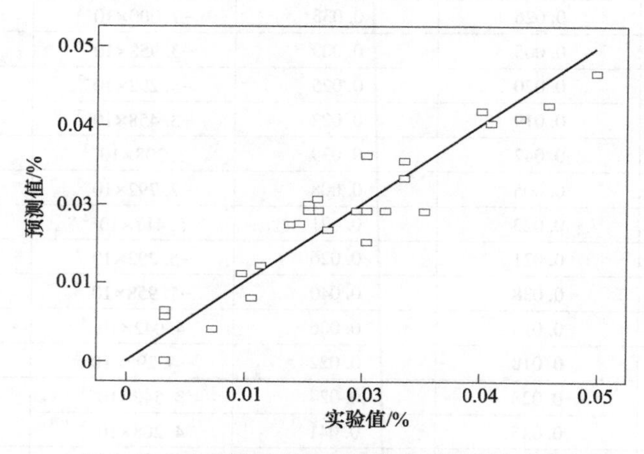

图 1-19 破碎煤粉含量实验值和预测值的对比

对二次方修正模型的模型参数进行了方差分析，见表 1-23，可以看出，A、B、C、D、C^2、D^2这 6 个模型参数是显著因素，其中 A、C 的显著程度最高，其次是 B、D、D^2、C^2。

表 1-23 破碎煤粉含量二次方修正模型参数的方差分析

模型因素	平方和	自由度	均方	F 值	Prob>F
A	8.003×10^{-4}	1	8.003×10^{-4}	39.09	< 0.0001
B	5.603×10^{-4}	1	5.603×10^{-4}	27.36	<0.0001
C	1.027×10^{-3}	1	1.027×10^{-3}	50.14	< 0.0001
D	5.468×10^{-4}	1	5.468×10^{-4}	26.70	< 0.0001
A^2	5.550×10^{-5}	1	5.550×10^{-5}	2.71	0.1153
B^2	7.609×10^{-5}	1	7.609×10^{-5}	3.72	0.0682
C^2	1.012×10^{-4}	1	1.012×10^{-4}	4.94	0.0379
D^2	7.721×10^{-5}	1	7.721×10^{-5}	3.77	0.0664

1.2.3.2 干燥温度和干燥时间对破碎煤粉含量的影响

图 1-20 为干燥温度和干燥时间对破碎煤粉含量的影响。由图 1-20 可知，破碎煤粉含量随干燥温度的升高而增加，随干燥时间的增加而增大。可以看出，破碎煤粉含量随干燥温度和干燥时间变化的趋势同破碎百分比相似，这是因为煤炭在流化床中的破碎量越多，产生煤粉的概率越大。从图 1-20 中还可以看出，即使干燥时间和干燥温度都较高时，破碎煤粉含量仍然很小。

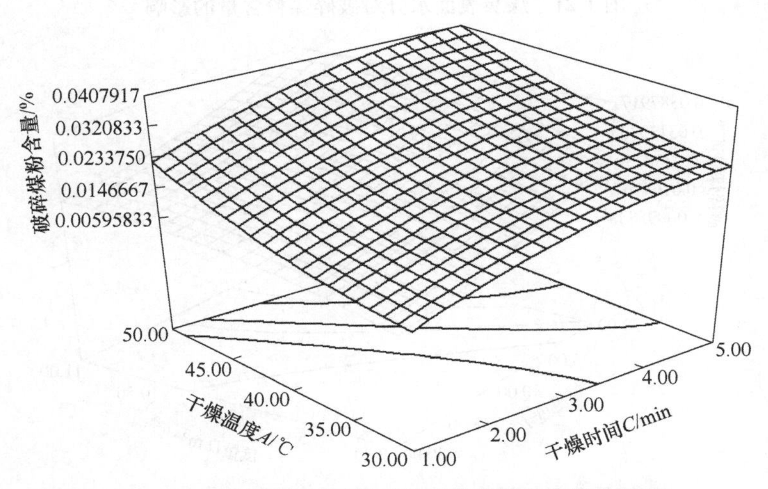

图 1-20 干燥温度和干燥时间对破碎煤粉含量的影响

1.2.3.3　煤炭表面水分和风量对破碎煤粉含量的影响

图 1-21 为煤炭表面水分对破碎煤粉含量的影响，图 1-22 为风量对破碎煤粉含量的影响。由图 1-21 可知，随着煤炭表面水分的增加，破碎煤粉含量增大；当煤炭表面水分为 3%时，破碎煤粉含量最大。这是因为煤炭表面水分的增加，会增大水分的扩散及蒸发量，破坏煤炭的内部结构，从而增大煤炭破碎总量，流化床中的煤粉含量也会增加；由图 1-22 可知，随着风量的增加，破碎煤粉含量增大；这是因为风量的增加会使气固接触更充分，传热传质作用得到强化，并增加了煤炭间的碰撞，从而使煤炭破碎总量增大，破碎所产生的煤粉也会增多；另外，即使各操作参数均较高时，破碎煤粉含量仍然很小，这说明煤炭在流化床干燥这一阶段并不会产生较多煤粉。

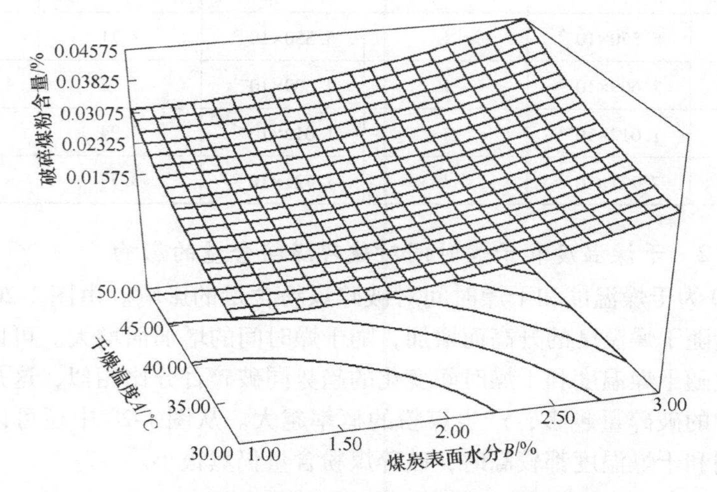

图 1-21　煤炭表面水分对破碎煤粉含量的影响

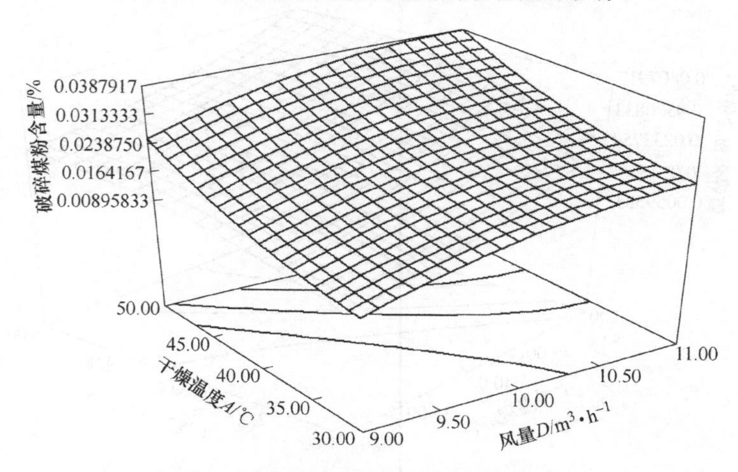

图 1-22　风量对破碎煤粉含量的影响

1.2.4 热态空气重介质流化床中煤炭的跌落强度

跌落强度是特定条件下判断煤炭脆性的指标，可以反映煤炭的抗冲击能力。煤炭在空气重介质流化床分选结束后会跌入脱介筛进行脱介，在这一过程中，煤炭会同筛板发生碰撞而破碎，并产生<1mm 的煤粉，煤炭的跌落强度越低，破碎生成<1mm 的煤粉量越高，这部分煤粉会混入介质并进入筛下物，从而降低了循环介质的纯度，增加了分流作业的工作量；同时，选后煤炭会经过皮带运输、装卸、贮存等诸多环节，在此过程中煤炭难以避免受到外力作用而破碎；只有选后煤炭具备较高的跌落强度，才能减少破碎质量，从而满足用户的需求，因此研究流化床干燥后的跌落强度变化规律十分必要。

1.2.4.1 跌落强度数学关联式的建立

根据跌落强度实验数据，对 Design-Expert 推荐的两种模型进行了 R^2 综合分析，见表 1-24，结果表明，两种模型中，二次方模型的标准偏差和预测残差平方和都小于 2FI 模型，并且 R^2 校正值、R^2 预测值都大于 2FI 模型，这说明二次方模型适合用于实验结果的模拟及分析，但考虑到二次方模型的 R^2 校正值为 0.8394，R^2 预测值为 0.5394，两者数值差距十分大，说明该模型的模拟精度有待提高，因此需要对二次方模型进行修正。

表 1-24 跌落强度 R^2 综合分析

模型	标准偏差	R^2	R^2 校正值	R^2 预测值	预测残差平方和	结果
2FI 模型	3.85	0.8312	0.7375	0.5297	743.53	
二次方模型	3.01	0.9197	0.8394	0.5394	728.07	接受

对二次方模型的模型参数进行方差分析，见表 1-25，采用 F 值检验法对模型参数的显著性进行了检验，其中，当模型参数的“Prob>F”大于 0.1 时，说明该参数不显著，当“Prob>F”小于 0.05 时，说明该参数显著，从表 1-25 中可以看出模型中的 B^2、C^2、D^2、AB、AC、AD、BC、CD 等因素的显著性较差，为了改善模拟效果，将这些因素去除，建立了新的模型即二次方修正模型。

表 1-25 跌落强度二次方模型参数的方差分析

模型因素	平方和	自由度	均方	F 值	Prob>F
A	710.556	1	710.556	78.35	< 0.0001
B	188.021	1	188.021	20.73	0.0005
C	229.425	1	229.425	25.30	0.0002
D	146.231	1	146.231	16.12	0.0013

续表 1-25

模型因素	平方和	自由度	均方	F值	Prob>F
A^2	135.297	1	135.297	14.92	0.0017
B^2	13.961	1	13.961	1.54	0.2351
C^2	6.497	1	6.497	0.72	0.4116
D^2	14.708	1	14.708	1.62	0.2236
AB	11.731	1	11.731	1.29	0.2745
AC	0.608	1	0.608	0.07	0.7994
AD	10.017	1	10.017	1.10	0.3111
BC	0.570	1	0.570	0.06	0.8057
BD	16.728	1	16.728	1.84	0.1959
CD	0.160	1	0.160	0.02	0.8962

对二次方修正模型进行了R^2综合分析，见表1-26，可以看出，R^2校正值为0.8582，R^2预测值为0.8013，两者均较大并且数值接近，体现了较好的一致性，这说明二次方修正模型的模拟精度较高，因此，决定采用二次方修正模型对跌落强度实验进行模拟。

表 1-26 跌落强度二次方修正模型的R^2综合分析

模型	标准偏差	R^2	R^2校正值	R^2预测值	预测残差平方和
二次方修正模型	2.83	0.8886	0.8582	0.8013	314.04

通过模拟得出了跌落强度与各操作参数间的数学关联式：

$$\text{跌落强度}(\%) = 140.297 + 2.448A - 24.408B - 2.186C - 7.581D - 0.040A^2 + 2.045BD \tag{1-5}$$

基于跌落强度数学关联式，对预测结果和实验结果进行了对比分析，见表1-27。学生化残差的正态分布如图1-23所示，实验值和预测值的对比如图1-24所示，可以看出学生化残差基本符合正态分布，实验值和预测值吻合度较高。

表 1-27 跌落强度实验值和预测值的比较

序号	实验值/%	预测值/%	残差/%	学生化残差
1	94.980	91.212	3.768	1.538
2	74.530	75.822	-1.292	-0.527
3	83.400	83.295	0.105	0.043

续表 1-27

序号	实验值/%	预测值/%	残差/%	学生化残差
4	69.800	67.905	1.895	0.773
5	88.510	91.443	−2.933	−1.178
6	79.510	82.698	−3.188	−1.281
7	88.500	84.462	4.038	1.622
8	80.300	75.717	4.583	1.841
9	89.980	90.744	−0.764	−0.312
10	77.370	75.354	2.016	0.823
11	81.500	83.763	−2.263	−0.923
12	62.560	68.373	−5.813	−2.372
13	89.770	91.911	−2.141	−0.860
14	82.500	83.994	−1.494	−0.600
15	79.660	83.166	−3.506	−1.408
16	73.900	75.249	−1.349	−0.542
17	91.360	91.626	−0.266	−0.108
18	77.210	76.236	0.974	0.398
19	82.300	82.881	−0.581	−0.237
20	69.710	67.491	2.219	0.906
21	94.170	93.074	1.096	0.535
22	81.000	81.068	−0.068	−0.033
23	80.390	82.003	−1.613	−0.787
24	75.400	78.176	−2.776	−1.355
25	84.670	83.580	1.090	0.397
26	85.610	83.580	2.030	0.740
27	85.570	83.580	1.990	0.725
28	85.710	83.580	2.130	0.776
29	85.690	83.580	2.110	0.769

对二次方修正模型的模型参数进行了方差分析，见表 1-28，可以看出，A、B、C、D、A^2这 5 个模型参数是显著因素，其中A、B、C的显著程度最高，其次是D、A^2。

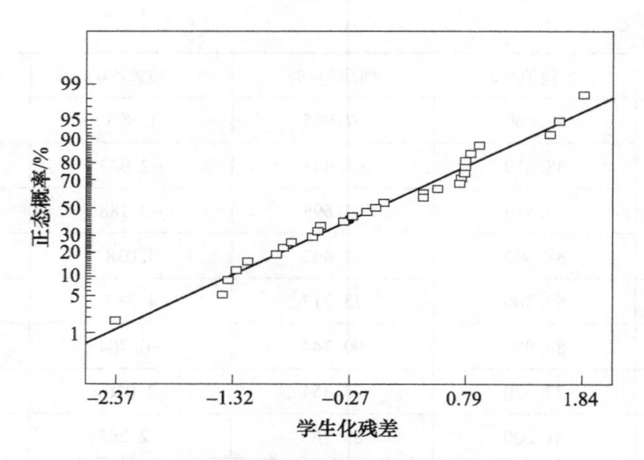

图 1-23　跌落强度学生化残差的正态分布图

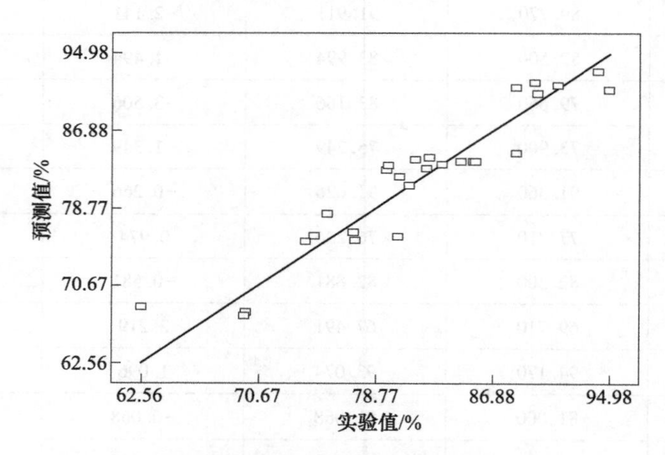

图 1-24　跌落强度实验值和预测值的对比

表 1-28　跌落强度二次方修正模型参数的方差分析

模型因素	平方和	自由度	均方	*F* 值	Prob>*F*
A	710. 556	1	710. 556	88. 78	< 0. 0001
B	188. 021	1	188. 021	23. 49	< 0. 0001
C	229. 425	1	229. 425	28. 66	< 0. 0001
D	146. 231	1	146. 231	18. 27	0. 0003
A^2	113. 774	1	113. 774	14. 21	0. 0011
BD	16. 728	1	16. 728	2. 09	0. 1624

1.2.4.2 干燥温度和干燥时间对跌落强度的影响

图 1-25 为干燥温度和干燥时间对跌落强度的影响。如图 1-25 所示，随着干燥时间的增加，煤炭的跌落强度降低；随着干燥温度的上升，跌落强度下降。这是因为随着干燥温度的升高和干燥时间的延长，潮湿褐煤内部水分的扩散及蒸发速率增加，褐煤的结构容易受到损坏，并且褐煤体积会发生收缩，煤质变硬、变脆，遇到碰撞和冲击力时更容易破碎，因此，干燥时间和干燥温度的增加会导致跌落强度的降低。

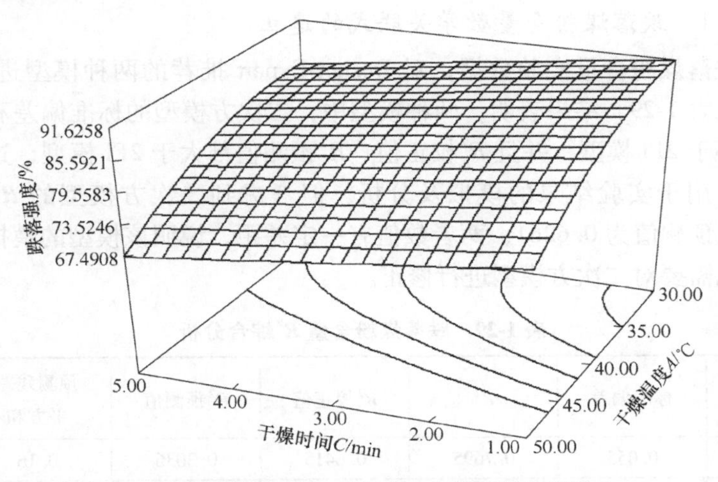

图 1-25 干燥温度和干燥时间对跌落强度的影响

1.2.4.3 煤炭表面水分和风量对跌落强度的影响

图 1-26 为煤炭表面水分和风量对跌落强度的影响，如图 1-26 所示，随着煤

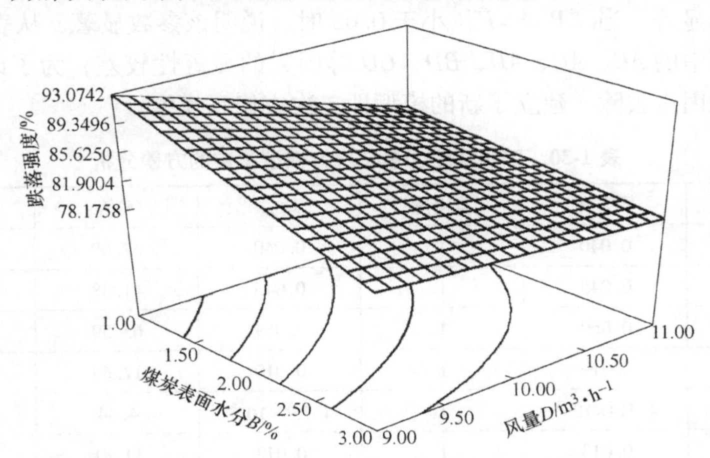

图 1-26 煤炭表面水分和风量对跌落强度的影响

炭表面水分的增加，煤炭的跌落强度降低；随着风量的增加，煤炭的跌落强度降低。如前面所述，褐煤结构的变化，主要是煤炭表面及内部水分相变引起的，煤炭水分含量高时，渗入煤炭内部微孔的水分自然增多，在相同条件下，水分运动的规模变大，对煤炭内部结构的破坏性增大；风量升高可以使煤炭同热态流化床之间传热传质的效率增加，进而影响煤炭内部结构。

1.2.5 热态空气重介质流化床中煤炭的跌落煤粉含量

1.2.5.1 跌落煤粉含量数学关联式的建立

根据跌落煤粉含量实验数据，对 Design-Expert 推荐的两种模型进行了 R^2 综合分析，见表 1-29，结果表明，两种模型中，二次方模型的标准偏差和预测残差平方和都小于 2FI 模型，并且 R^2 校正值、R^2 预测值都大于 2FI 模型，这说明二次方模型适合用于实验结果的模拟及分析，但考虑到二次方模型的 R^2 校正值为 0.8694，R^2 预测值为 0.6261，两者数值有一定差距，说明该模型的模拟精度有待提高，因此需要对二次方模型进行修正。

表 1-29 跌落煤粉含量 R^2 综合分析

模型	标准偏差	R^2	R^2 校正值	R^2 预测值	预测残差平方和	结果
2FI 模型	0.055	0.7695	0.6415	0.3036	0.16	
二次方模型	0.033	0.9347	0.8694	0.6261	0.087	接受

对二次方模型的模型参数进行了方差分析，见表 1-30，采用 F 值检验法对模型参数的显著性进行了检验，其中，当模型参数的“Prob>F”大于 0.1 时，说明该参数不显著，当“Prob>F”小于 0.05 时，说明该参数显著，从表 1-30 中可以看出模型中的 AB、AC、AD、BD、CD 等因素的显著性较差，为了改善模拟效果，将这些因素去除，建立了新的模型即二次方修正模型。

表 1-30 跌落煤粉含量二次方模型参数的方差分析

模型因素	平方和	自由度	均方	F 值	Prob>F
A	0.040	1	0.040	37.09	< 0.0001
B	0.045	1	0.045	41.48	< 0.0001
C	0.069	1	0.069	63.59	< 0.0001
D	0.019	1	0.019	17.69	0.0009
A^2	4.714×10^{-3}	1	4.714×10^{-3}	4.34	0.0559
B^2	0.013	1	0.013	11.81	0.0040
C^2	0.015	1	0.015	13.53	0.0025

续表 1-30

模型因素	平方和	自由度	均方	F 值	Prob>F
D^2	5.330×10^{-3}	1	5.330×10^{-3}	4.91	0.0437
AB	0.000	1	0.000	0.00	1.0000
AC	0.000	1	0.000	0.00	1.0000
AD	1.056×10^{-3}	1	1.056×10^{-3}	0.97	0.3406
BC	2.500×10^{-3}	1	2.500×10^{-3}	2.30	0.1513
BD	1.806×10^{-3}	1	1.806×10^{-3}	1.66	0.2179
CD	2.250×10^{-4}	1	2.250×10^{-4}	0.21	0.6558

对二次方修正模型进行了 R^2 综合分析，见表 1-31，可以看出，R^2 校正值为 0.8842，R^2 预测值为 0.7951，两者均较大并且数值接近，体现了较好的一致性，这说明二次方修正模型的模拟精度较高，因此，决定采用二次方修正模型对跌落煤粉含量实验进行模拟。

表 1-31 跌落煤粉含量二次方修正模型的 R^2 综合分析

模型	标准偏差	R^2	R^2 校正值	R^2 预测值	预测残差平方和
二次方修正模型	0.031	0.9214	0.8842	0.7951	0.048

通过模拟得出了跌落煤粉含量与各操作参数间的数学关联式：

$$
\begin{aligned}
\text{跌落煤粉含量}(\%) = & -2.849 - 0.016A - 0.154B - 0.058C + 0.613D + \\
& 2.696 \times 10^{-4}A^2 + 0.044B^2 + 0.012C^2 - \\
& 0.029D^2 + 0.013BC
\end{aligned}
\tag{1-6}
$$

基于跌落煤粉含量数学关联式，对预测结果和实验结果进行了对比分析，见表 1-32。学生化残差的正态分布如图 1-27 所示，实验值和预测值的对比如图 1-28 所示，可以看出学生化残差基本符合正态分布，实验值和预测值吻合度较高。

表 1-32 跌落煤粉含量实验值和预测值的比较

序号	实验值/%	预测值/%	残差	学生化残差
1	0.020	0.046	−0.026	−1.036
2	0.190	0.162	0.028	1.102
3	0.140	0.169	−0.029	−1.135
4	0.310	0.285	0.025	1.004
5	0.030	−0.003	0.033	1.300
6	0.160	0.149	0.011	0.444
7	0.050	0.077	−0.027	−1.069

续表 1-32

序号	实验值/%	预测值/%	残差	学生化残差
8	0.210	0.229	−0.019	−0.740
9	0.035	−0.006	0.041	1.604
10	0.050	0.110	−0.060	−2.377
11	0.090	0.074	0.016	0.617
12	0.170	0.190	−0.020	−0.798
13	0.040	0.074	−0.034	−1.696
14	0.150	0.146	0.004	0.177
15	0.160	0.176	−0.016	−0.780
16	0.370	0.348	0.022	1.093
17	0.040	0.035	0.005	0.206
18	0.170	0.151	0.019	0.765
19	0.180	0.186	−0.006	−0.255
20	0.310	0.302	0.008	0.304
21	0.035	0.009	0.026	1.045
22	0.080	0.131	−0.051	−2.015
23	0.110	0.089	0.021	0.847
24	0.240	0.211	0.029	1.143
25	0.090	0.094	−0.004	−0.144
26	0.100	0.094	0.006	0.216
27	0.090	0.094	−0.004	−0.144
28	0.100	0.094	0.006	0.216
29	0.090	0.094	−0.004	−0.144

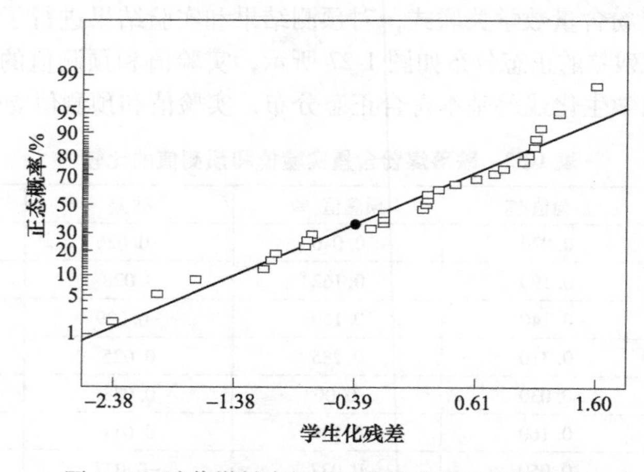

图 1-27　跌落煤粉含量学生化残差的正态分布图

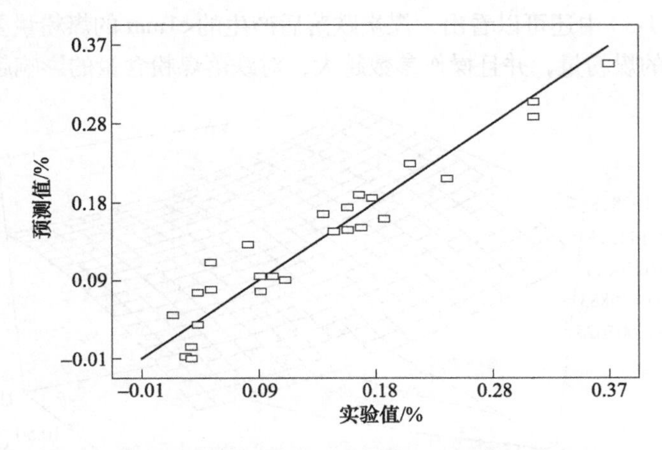

图 1-28 跌落煤粉含量实验值和预测值的对比

对二次方修正模型的模型参数进行了方差分析，见表 1-33，可以看出，A、B、C、D、A^2、B^2、C^2、D^2这 8 个模型参数是显著因素，其中A、B、C 的显著程度最高，其次是D、C^2、B^2、D^2、A^2。

表 1-33 跌落煤粉含量二次方修正模型参数的方差分析

模型因素	平方和	自由度	均方	F 值	Prob>F
A	0.040	1	0.040	41.84	< 0.0001
B	0.045	1	0.045	46.79	< 0.0001
C	0.069	1	0.069	71.72	< 0.0001
D	0.019	1	0.019	19.96	0.0003
A^2	0.005	1	0.005	4.90	0.0393
B^2	0.013	1	0.013	13.33	0.0017
C^2	0.015	1	0.015	15.26	0.0009
D^2	0.005	1	0.005	5.54	0.0295
BC	0.003	1	0.003	2.60	0.1235

1.2.5.2 干燥温度和风量对跌落煤粉含量的影响

跌落强度同跌落后煤粉含量密切相关，跌落强度越小，跌落后越容易产生煤粉。图 1-29 为干燥温度和风量对跌落煤粉含量的影响，如图 1-29 所示，跌落煤粉含量随着干燥温度的升高而增加，随着风量的增加而增大。

1.2.5.3 煤炭表面水分和干燥时间对跌落煤粉含量的影响

图 1-30 为煤炭表面水分和干燥时间对跌落煤粉含量的影响，如图 1-30 所示，随着煤炭表面水分的增加，跌落煤粉含量增大；随着干燥时间的增长，跌落煤粉含

量增加。从图 1-30 中还可以看出，煤炭跌落后产生的<1mm 的煤粉量要远大于流化床内破碎产生的煤粉量，并且操作参数越大，对跌落煤粉含量的影响越明显。

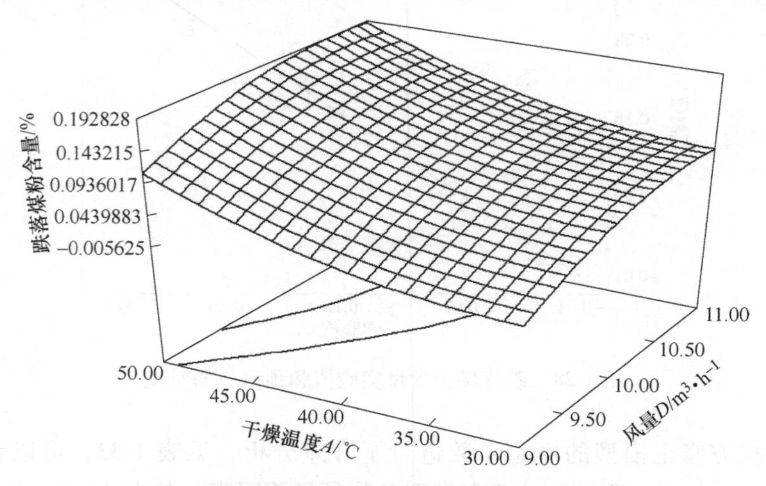

图 1-29　干燥温度和风量对跌落煤粉含量的影响

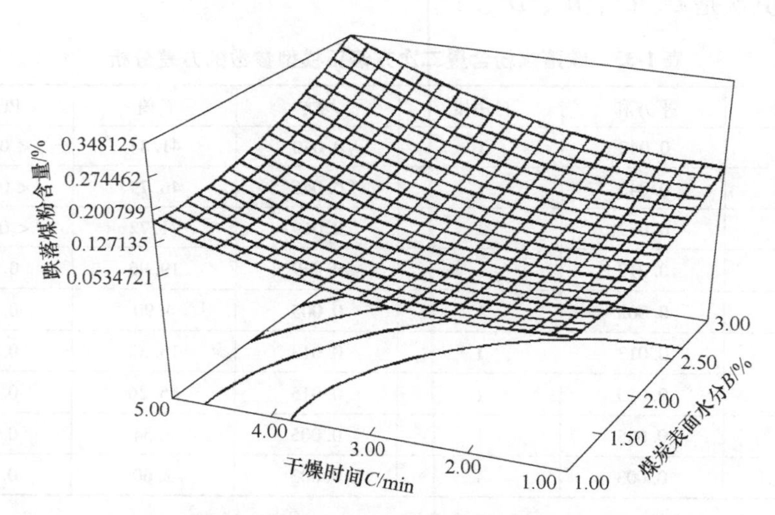

图 1-30　煤炭表面水分和干燥时间对跌落煤粉含量的影响

1.3　热态空气重介质流化床干燥特性

潮湿煤炭在热态流化床中的分选过程同样也是干燥过程，因表面含有水分，煤炭进入流化床后会发生水分传递行为，并黏附一定量的加重质，煤炭在热态流化床干燥过程中，表面水分会不断脱除，加重质黏附量也会不断减小。在实验室实验基础上，对热态流化床干燥动力学和干燥传热传质模型进行了研究，为流态化干燥与分选一体化装置的应用提供理论依据。

1.3.1 热态流化床干燥动力学

1.3.1.1 实验及方法

实验在空气重介质流化床干燥与分选一体化装置上进行，风量设置为10m³/h；选用煤样为1号褐煤，粒度为50~25mm。实验考察了不同干燥温度、不同煤炭表面水分下，剩余表面水分和加重质黏附量随干燥时间的变化规律。

实验过程如下：对选定褐煤进行称重和人工加湿，记录人工加湿的水分质量，并将潮湿煤炭放入热态流化床进行干燥，干燥结束后将褐煤取出，扫除褐煤黏附的加重质，然后对扫除介质后的褐煤称重，同时对扫除的加重质进行烘干称重。实验参数：表面水分1%、2%、3%；干燥温度30℃、40℃、50℃；干燥时间1min、2min、3min、4min、5min。剩余表面水分是指干燥后褐煤剩余的表面水分质量与附加表面水分质量的百分比，加重质黏附量是指褐煤黏附加重质质量与干燥后褐煤质量的百分比。实验结果见表1-34和表1-35。

表1-34 不同煤炭表面水分、干燥温度、干燥时间下的剩余表面水分

干燥时间/min	30℃ 剩余表面水分/%			40℃ 剩余表面水分/%			50℃ 剩余表面水分/%		
	表面水分1%	表面水分2%	表面水分3%	表面水分1%	表面水分2%	表面水分3%	表面水分1%	表面水分2%	表面水分3%
1	70.39	81.86	85.46	60.45	71.09	78.37	57.27	64.89	72.44
2	48.18	65.35	73.69	31.22	48.67	62.22	38.52	43.27	56.87
3	31.53	50.63	62.28	15.61	35.88	47.91	11.49	18.31	30.88
4	23.44	43.76	55.22	10.66	29.11	41.65	4.73	10.92	24.89
5	18.58	39.46	52.33	7.17	25.63	36.83	1.95	5.8	19.67

表1-35 不同煤炭表面水分、干燥温度、干燥时间下的加重质黏附量

干燥时间/min	30℃ 加重质黏附量/%			40℃ 加重质黏附量/%			50℃ 加重质黏附量/%		
	表面水分1%	表面水分2%	表面水分3%	表面水分1%	表面水分2%	表面水分3%	表面水分1%	表面水分2%	表面水分3%
1	3.13	9.72	19.43	2.21	6.70	12.63	1.39	4.32	9.16
2	2.15	6.87	13.69	0.74	2.63	6.73	0.61	1.97	5.11
3	1.07	4.01	8.57	0.42	1.37	3.26	0.32	1.01	2.07
4	0.63	2.31	5.32	0.26	0.72	2.71	0.17	0.53	1.44
5	0.48	1.49	3.15	0.16	0.55	1.39	0.11	0.23	0.74

1.3.1.2 物料干燥模型

干燥过程中褐煤剩余表面水分以及加重质黏附量随时间的变化曲线是描述热态流化床褐煤干燥特性的最佳曲线。为描述物料的干燥特性，经常会使用一些干燥模型，下面对常用的3种干燥模型进行介绍，各模型及表达式见表1-36。

表1-36 常用的干燥模型

序号	模型名称	模型方程式
1	Page	$M_R = \exp(-kt^n)$
2	Henderson and Papis	$M_R = u\exp(-kt)$
3	Two-term exponential	$M_R = a\exp(-k_1t) + b\exp(-k_2t)$

（1）Page模型。Page模型公式如下所示：

$$M_R = \exp(-kt^n)$$

（2）Henderson and Pabis模型。Henderson and Pabis模型经常用于描述农作物干燥过程。模型公式如下所示：

$$M_R = u\exp(-kt)$$

（3）Two term exponential模型。Two term exponential模型目前应用比较广泛，模型公式如下所示：

$$M_R = a\exp(-k_1t) + b\exp(-k_2t)$$

1.3.1.3 干燥模型拟合优度评价指标

干燥模型评价指标是评估模型拟合效果的重要依据，本节介绍本实验干燥模型所选取的评价指标。

（1）决定系数。决定系数（R^2）可反映预测值和拟合值间的相关程度。R^2越接近于1，说明拟合方程的参考价值越高，R^2越接近于0时，表明拟合方程的参考价值越低。R^2计算式如下所示：

$$R^2 = \frac{\left(\sum_{i=1}^{n} M_{\exp,i} M_{\mathrm{pre},i}\right)^2}{\sum_{i=1}^{n} M_{\exp,i}^2 \sum_{i=1}^{n} M_{\mathrm{pre},i}^2}$$

式中，$M_{\exp,i}$为实测表面水脱除率；$M_{\mathrm{pre},i}$为预测表面水脱除率；n为实验实测点数。

（2）均方根差。均方根差（RMSE）称为回归标准误差，RMSE的值越接近0，说明拟合效果越好。RMSE计算式如下所示：

$$F_{\mathrm{RMSE}} = \left[\frac{1}{N}\sum_{i=1}^{N}(M_{\mathrm{pre},i} - M_{\exp,i})^2\right]^{\frac{1}{2}}$$

1.3.1.4 剩余表面水分数学模型研究

A 剩余表面水分模型的选择

选取干燥温度为50℃、煤炭表面水分为3%时，不同干燥时间下的潮湿煤炭剩余表面水分数据，利用表1-36中3个常用的干燥模型对其进行逐一拟合，拟合结果见表1-37，通过表1-37可以看出，3个模型拟合效果均较佳；其中Henderson and Papis模型和Two-term exponential的R^2都为0.9942，RMSE的值都为3.4892，这说明两个模型对热态流化床潮湿煤炭剩余表面水分的模拟效果都很好，本节选择Henderson and Papis模型对剩余表面水分进行拟合。模型方程如下：

$$M_R = u\exp(-kt)$$

式中，M_R为剩余表面水分，%；t为干燥时间，min；u、k为系数。

表1-37 不同干燥模型的剩余表面水分拟合效果

序号	模型名称	模型方程式	R^2	RMSE
1	Page	$M_R=\exp(-kt^n)$	0.9807	6.3555
2	Henderson and Papis	$M_R=u\exp(-kt)$	0.9942	3.4892
3	Two-term exponential	$M_R=a\exp(-kt)+b\exp(-k_1t)$	0.9942	3.4892

选用该模型对其他组数据进行拟合，拟合结果见表1-38，可以看出Henderson and Papis模型对各组实验数据的拟合优度均较佳，可以很好地描述和预测潮湿煤炭在热态流化床中表面水分脱除的过程。

表1-38 Henderson and Papis模型不同操作参数下的拟合效果

煤炭表面水分/%	30℃		40℃		50℃	
	R^2	RMSE	R^2	RMSE	R^2	RMSE
1	0.9989	1.4480	0.9979	1.4602	0.9793	4.5140
2	0.9986	2.2003	0.9964	2.7079	0.9931	3.0178
3	0.9993	1.8159	0.9987	2.0390	0.9807	6.3555

表1-39为各组数据拟合方程的系数值，采用多元线性回归法得到拟合系数u、k和煤炭表面水分、干燥温度的关系，表达式如下所示：

$$u = 84.3864 - 5.4393\theta + 0.7519T$$
$$k = 0.1008 - 0.1605\theta - 0.0150T$$

式中，θ为煤炭表面水分，%；T为干燥温度，℃。

表 1-39　Henderson and Papis 模型不同操作参数下的拟合系数值

煤炭表面水分/%	30℃		40℃		50℃	
	u 值	*k* 值	*u* 值	*k* 值	*u* 值	*k* 值
1	100.396	0.364	111.810	0.624	116.558	0.669
2	98.023	0.199	91.729	0.288	117.604	0.568
3	96.206	0.133	94.346	0.204	105.576	0.357

B　剩余表面水分模型预测值与实验值的离散程度

图 1-31～图 1-39 分别为不同干燥温度、不同煤炭表面水分下，剩余表面水分预测值和实测值的对比图。由图 1-31～图 1-39 可见，Henderson and Papis 模型可对剩余表面水分实现较佳预测。

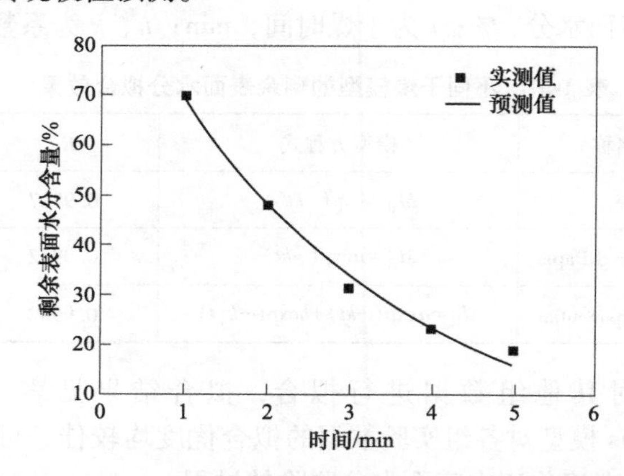

图 1-31　温度为 30℃、表面水分为 1%时煤炭剩余表面水分预测值和实验值的离散程度

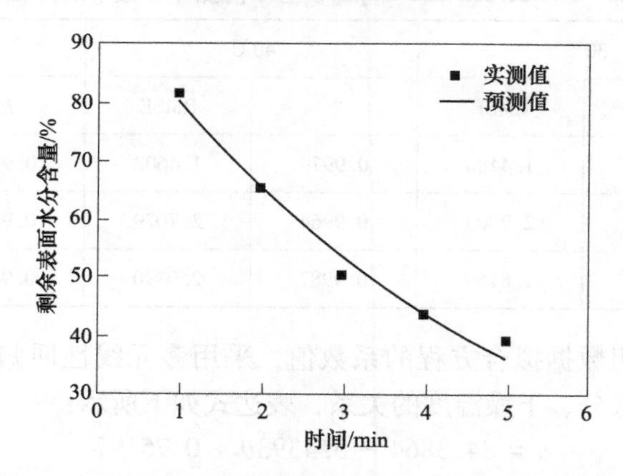

图 1-32　温度为 30℃、表面水分为 2%时煤炭剩余表面水分预测值和实验值的离散程度

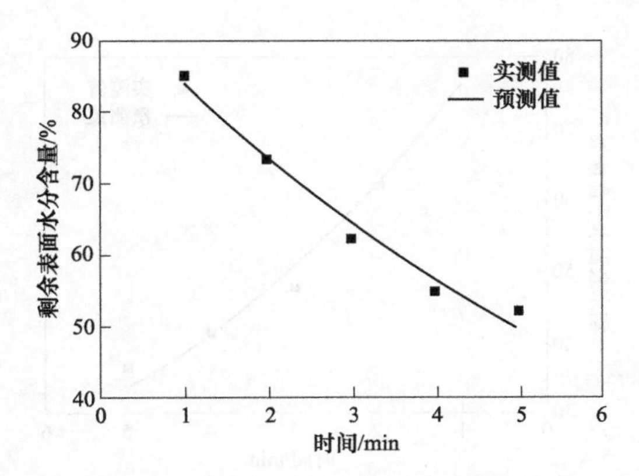

图 1-33 温度为 30℃、表面水分为 3%时煤炭剩余表面水分预测值和实验值的离散程度

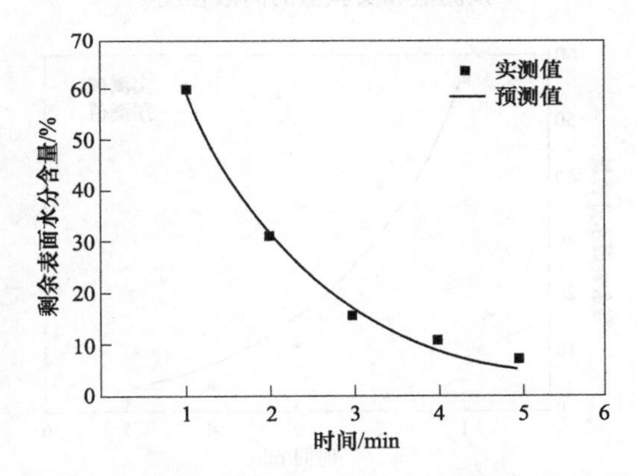

图 1-34 温度为 40℃、表面水分为 1%时煤炭剩余表面水分预测值和实验值的离散程度

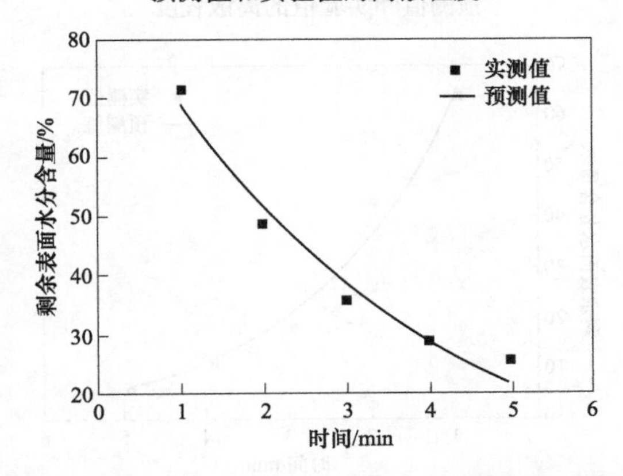

图 1-35 温度为 40℃、表面水分为 2%时煤炭剩余表面水分预测值和实验值的离散程度

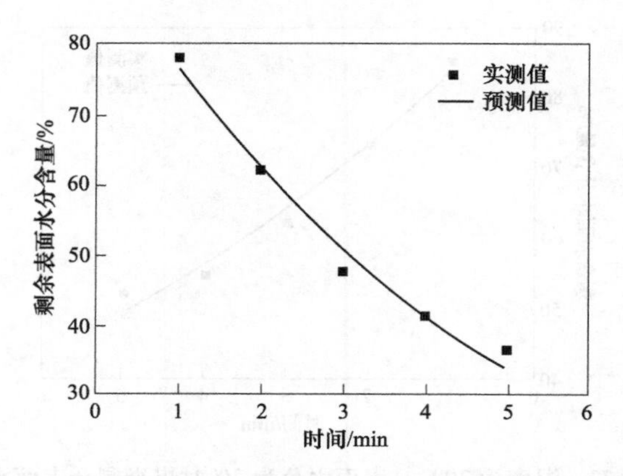

图 1-36 温度为 40℃、表面水分为 3%时煤炭剩余表面水分预测值和实验值的离散程度

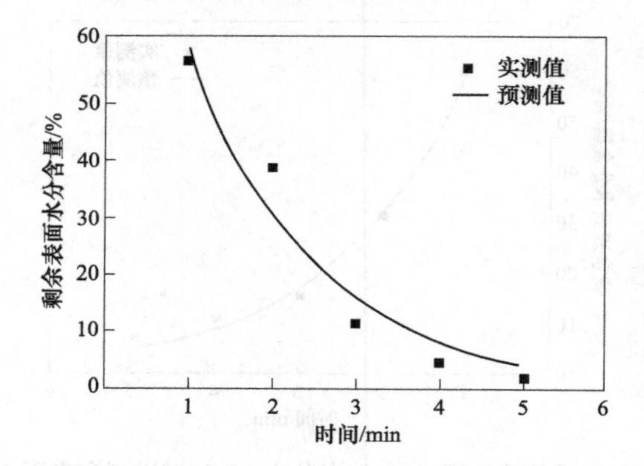

图 1-37 温度为 50℃、表面水分为 1%时煤炭剩余表面水分预测值和实验值的离散程度

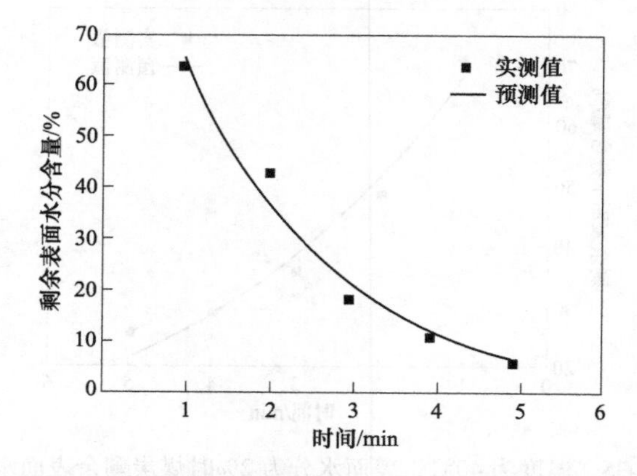

图 1-38 温度为 50℃、表面水分为 2%时煤炭剩余表面水分预测值和实验值的离散程度

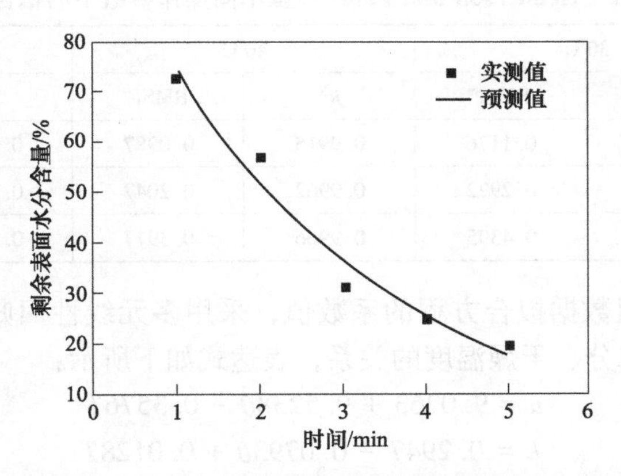

图 1-39 温度为50℃、表面水分为3%时煤炭剩余表面水分预测值和实验值的离散程度

1.3.1.5 加重质黏附量数学模型研究

A 加重质黏附量模型的选择

选取干燥温度为50℃、煤炭表面水分为3%时，不同干燥时间下的潮湿煤炭加重质黏附量数据，利用表1-36中3个常用的干燥模型对其进行逐一拟合，拟合结果见表1-40，通过表1-40可以看出，3个模型拟合效果均较佳；其中Henderson and Papis模型和Two-term exponential 的R^2都为0.9974，RMSE的值都为0.2477，这说明两个模型对热态流化床潮湿煤炭黏附加重质脱除过程的模拟效果都很好，本节选择Henderson and Papis模型对加重质黏附量进行拟合。模型方程如下：

$$M_R = u\exp(-kt)$$

式中，M_R为加重质黏附量，%；t为干燥时间，min；u、k为系数。

表1-40 不同干燥模型的加重质黏附量拟合效果

序号	模型名称	模型方程式	R^2	RMSE
1	Page	$M_R = \exp(-kt^n)$	0.9645	0.9117
2	Henderson and Papis	$M_R = u\exp(-kt)$	0.9974	0.2477
3	Two-term exponential	$M_R = a\exp(-kt) + b\exp(-k_1 t)$	0.9974	0.2477

选用该模型对其他组数据进行拟合，拟合结果见表1-41，可以看出Henderson and Papis模型对各组实验数据的拟合优度均较佳，可以很好地描述和预测潮湿煤炭黏附介质在热态流化床中的脱除过程。

表 1-41　Henderson and Papis 模型不同操作参数下的拟合效果

加重质黏附量/%	30℃		40℃		50℃	
	R^2	RMSE	R^2	RMSE	R^2	RMSE
1	0.9957	0.1176	0.9915	0.0987	0.9982	0.0293
2	0.9974	0.2922	0.9962	0.2047	0.9995	0.0490
3	0.9986	0.4395	0.9966	0.3917	0.9974	0.2477

表 1-42 为各组数据拟合方程的系数值，采用多元线性回归法得到拟合系数 u、k 和煤炭表面水分、干燥温度的关系，表达式如下所示：

$$u = 9.0263 + 9.5238\theta - 0.3576T$$

$$k = 0.2947 - 0.0793\theta + 0.0128T$$

式中，θ 为煤炭表面水分，%；T 为干燥温度，℃。

表 1-42　Henderson and Papis 模型不同操作参数下的拟合系数值

煤炭表面水分/%	30℃		40℃		50℃	
	a 值	k 值	a 值	k 值	a 值	k 值
1	5.251	0.496	5.395	0.908	2.903	0.746
2	15.603	0.450	15.084	0.823	9.014	0.741
3	30.229	0.424	22.751	0.598	17.712	0.652

B　加重质黏附量模型预测值和实验值的离散程度

图 1-40~图 1-48 分别为在不同干燥温度、不同煤炭表面水分下，加重质黏附量预测值和实测值的对比图。由图 1-40~图 1-48 可见，Henderson and Papis 模型可对加重质黏附量实现较佳预测。

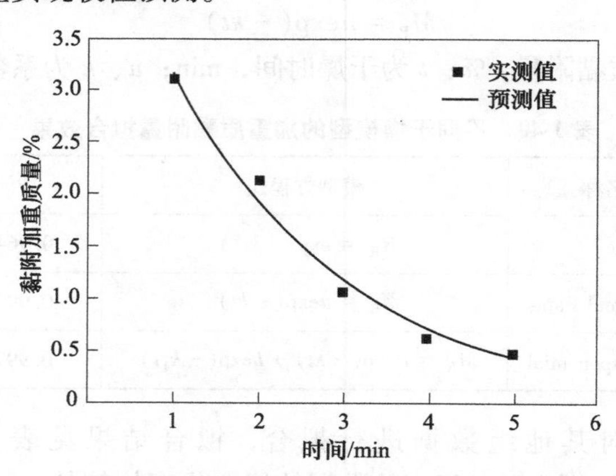

图 1-40　温度为 30℃、表面水分为 1%时加重质黏附量预测值和实验值的离散程度

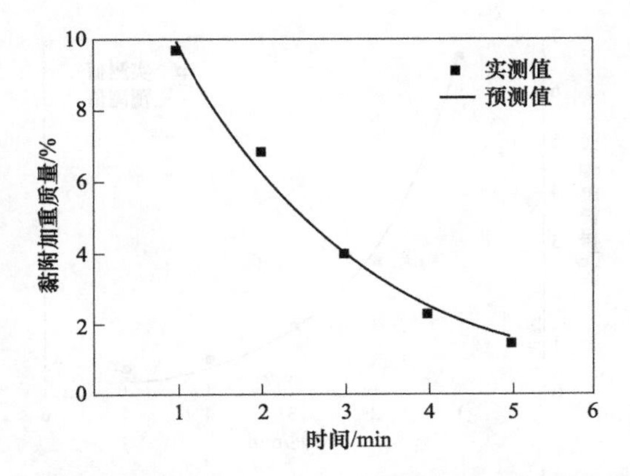

图 1-41 温度为 30℃、表面水分为 2%时加重质黏附量预测值和实验值的离散程度

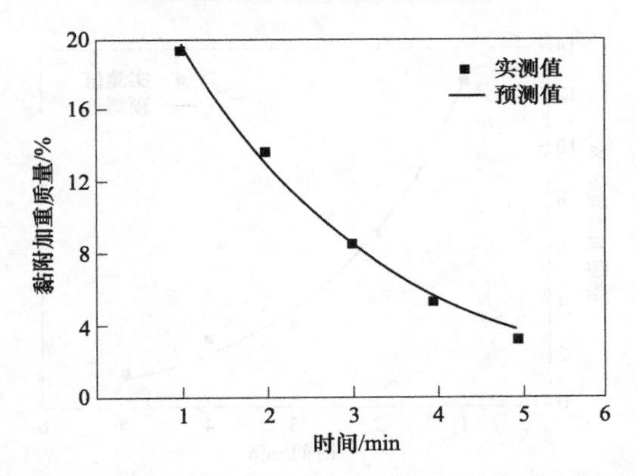

图 1-42 温度为 30℃、表面水分为 3%时加重质黏附量预测值和实验值的离散程度

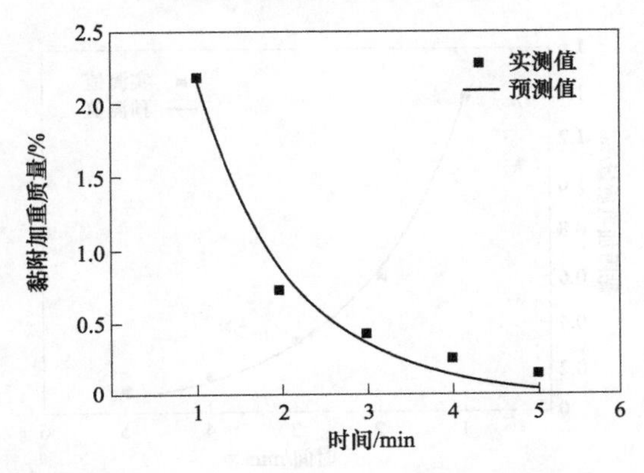

图 1-43 温度为 40℃、表面水分为 1%时加重质黏附量预测值和实验值的离散程度

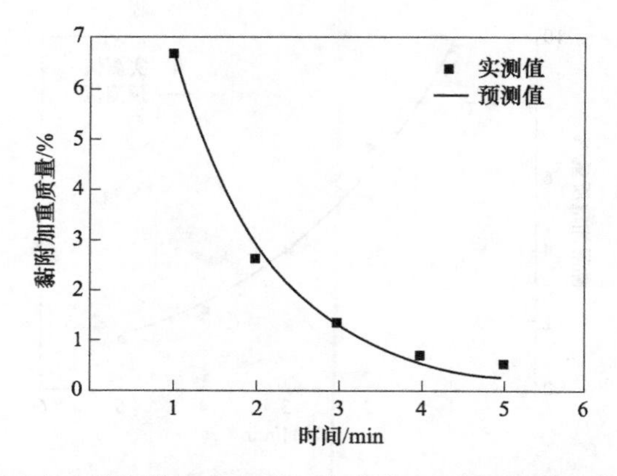

图 1-44 温度为 40℃、表面水分为 2%时加重质黏附量预测值和实验值的离散程度

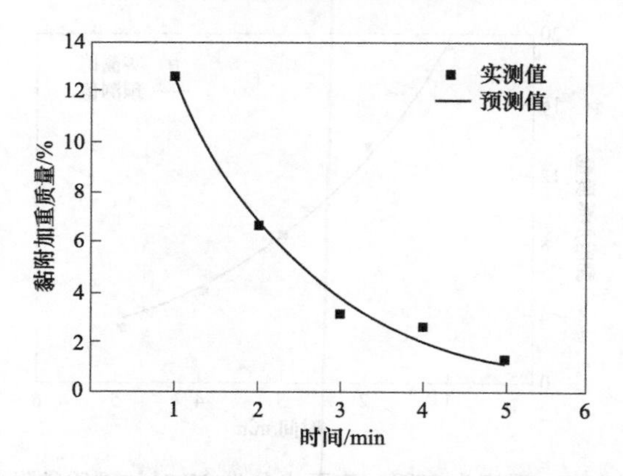

图 1-45 温度为 40℃、表面水分为 3%时加重质黏附量预测值和实验值的离散程度

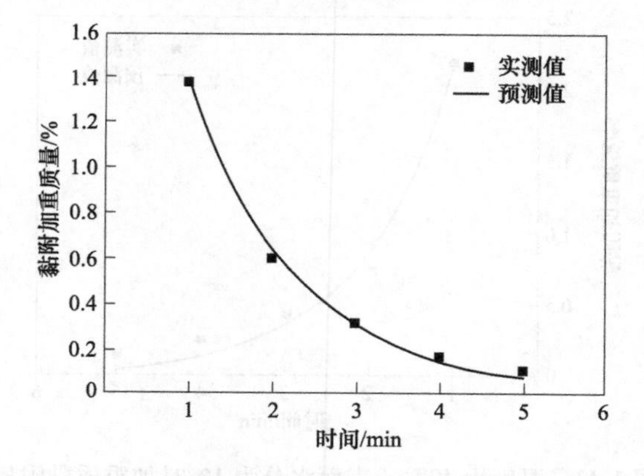

图 1-46 温度为 50℃、表面水分为 1%时加重质黏附量预测值和实验值的离散程度

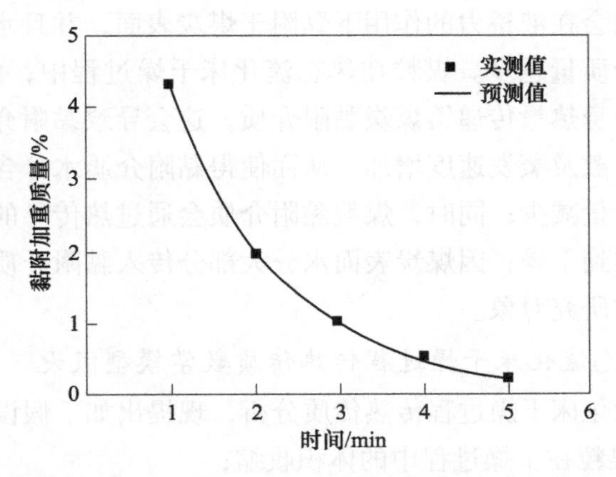

图 1-47 温度为 50℃、表面水分为 2%时加重质黏附量预测值和实验值的离散程度

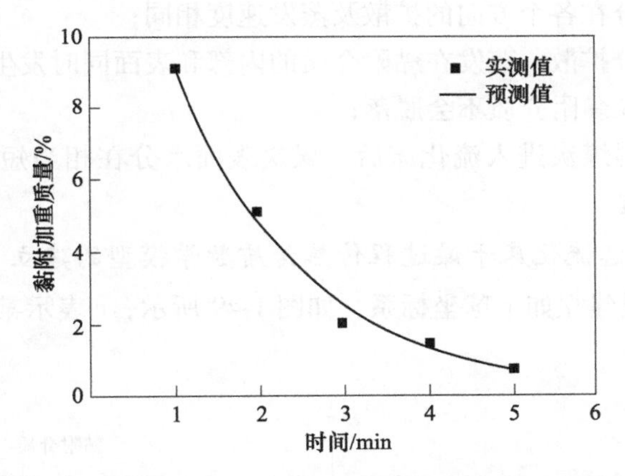

图 1-48 温度为 50℃、表面水分为 3%时加重质黏附量预测值和实验值的离散程度

1.3.2 热态流化床干燥过程传热传质数学模型

1.3.2.1 热态流化床干燥过程传热传质特性分析

热态流化床干燥潮湿煤炭是一个极为复杂的非稳态传热传质过程。通过热态流化床传热传质数学模型的建立，可更为深入地了解流化床同潮湿煤粒间的传热传质过程，有利于热态流化床干燥机理的分析。潮湿煤炭进入热态流化床后，因煤炭表面含有水分，而床层加重质水分含量较少，并且加重质亲水性强，所以煤炭表面水分会迅速传入煤粒周围加重质中，使周围介质水分含量大幅增加；由于表面水分是通过加重质间空隙进行传递的，在水分传递过程中会形成液桥，并产

生液桥力，加重质会在液桥力的作用下黏附于煤炭表面，并且水分含量越高，液桥力越大，黏附介质量越多。煤粒在热态流化床干燥过程中，由于热传导作用，热态流化床会将自身热量传递给煤炭黏附介质，这会导致黏附介质温度升高，黏附介质水分向外扩散及蒸发速度增加，从而使得黏附介质水分含量下降，液桥力减小，加重质黏附量减少；同时，煤粒黏附介质会通过热传导的作用将热量传递给煤粒，使煤粒得到干燥；因煤炭表面水分大部分传入黏附介质中，本节以黏附介质作为传热传质研究对象。

1.3.2.2　热态流化床干燥过程传热传质数学模型假设

通过对热态流化床干燥过程传热传质分析，现提出如下假设：

（1）不考虑煤粒在干燥过程中的体积收缩；

（2）假设煤粒为标准球形，黏附介质后外形依然为标准球形；

（3）假设整个干燥过程中，煤粒周围空气的温度和湿度不变；

（4）假设水分在各个方向的扩散及蒸发速度相同；

（5）假设水分扩散、蒸发在黏附介质的内部和表面同时发生；

（7）假设煤粒黏附介质不会脱落；

（8）假设潮湿煤炭进入流化床后，煤炭表面水分在相当短的时间内传递给黏附在表层的介质。

1.3.2.3　热态流化床干燥过程传热传质数学模型的建立

根据以上假设建立如下球坐标系，如图 1-49 所示，r 表示某一点距离煤粒球心的距离。

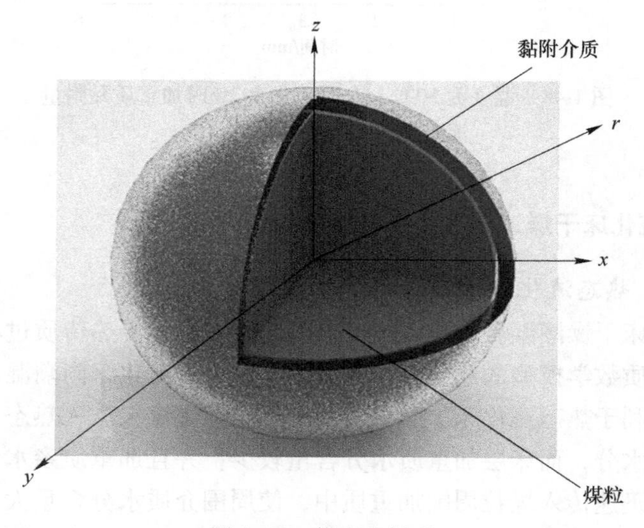

图 1-49　模型坐标系

根据所建立的坐标系，取一个煤粒黏附介质球壳层作为研究对象，并在此空间内建立热态流化床中潮湿煤粒黏附介质热质平衡方程。

A 黏附介质壳层热量平衡方程

设黏附介质壳层温度 T 在 dt 时间内，随时间的变化量为 ΔT_t；dt 时间内，黏附介质壳层因热传导引起的热量变化为 ΔE_1，因水分蒸发引起的热量变化为 ΔE_2，因水分扩散所引起的热量变化为 ΔE_3，则该壳层在 dt 时间内的热量总变化量为 ΔE：

$$\Delta E = \rho C_P \Delta T_t \frac{4}{3}\pi[(r+\mathrm{d}r)^3 - r^3] \approx \rho C_P \Delta T_t 4\pi r^2 \mathrm{d}r$$

$$\Delta E = \Delta E_1 + \Delta E_2 + \Delta E_3$$

式中：

$$\Delta E_1 = k\frac{\partial T}{\partial r}4\pi(r+\mathrm{d}r)^2\mathrm{d}t - k\frac{\partial T}{\partial r}4\pi r^2\mathrm{d}t = \frac{\partial\left(k\frac{\partial T}{\partial r}4\pi r^2\right)}{\partial r}\mathrm{d}r\mathrm{d}t$$

$$= 4\pi k\left(2r\frac{\partial T}{\partial r} + r^2\frac{\partial^2 T}{\partial r^2}\right)\mathrm{d}r\mathrm{d}t$$

$$\Delta E_2 = L_V J_e 4\pi r^2\mathrm{d}t - L_V J_{e1}4\pi(r+\mathrm{d}r)^2\mathrm{d}t = 4\pi L_V\frac{\partial(J_e r^2)}{\partial r}\mathrm{d}r\mathrm{d}t$$

$$\Delta E_3 = C_{P1}\rho_1 4\pi\frac{\partial(u_r r^2 T)}{\partial r}\mathrm{d}r\mathrm{d}t$$

式中，ρ 为煤粒黏附介质的密度，kg/m^3；ρ_1 为表面液态水分的密度，kg/m^3；C_P 为煤粒黏附介质的定压比热容，kJ/(kg · K)；C_{P1}为表面液态水分的定压比热容，kJ/(kg · K)；L_V 为水分在温度 T 下的蒸发潜热，kJ/kg；J_e 为煤粒黏附介质壳层内层水分蒸发通量，kg/(m^2 · s)；J_{e1}为煤粒黏附介质壳层外层水分蒸发通量，kg/(m^2 · s)；k 为煤粒黏附介质热导率，W/(m · K)；u_r 为液态水在黏附介质中的扩散速度，m/s。

由能量守恒定律得：

$$\rho C_P\frac{\partial T}{\partial t}4\pi r^2\mathrm{d}r\mathrm{d}t = 4\pi k\left(2r\frac{\partial T}{\partial r} + r^2\frac{\partial^2 T}{\partial r^2}\right)\mathrm{d}r\mathrm{d}t + 4\pi L_V\frac{\partial(J_e r^2)}{\partial r}\mathrm{d}r\mathrm{d}t + C_{P1}\rho_1 4\pi\frac{\partial(u_r r^2 T)}{\partial r}\mathrm{d}r\mathrm{d}t$$

整理得：

$$\rho C_P\frac{\partial T}{\partial t}r^2 = k\left(2r\frac{\partial T}{\partial r} + r^2\frac{\partial^2 T}{\partial r^2}\right) + L_V\frac{\partial(J_e r^2)}{\partial r} + C_{P1}\rho_1\frac{\partial(u_r r^2 T)}{\partial r}$$

B 黏附介质壳层质量平衡方程

设黏附介质壳层的水分含量（干基含水量）为 X，它在 dt 时间内随时间的变化量为 ΔX_t；dt 时间内，黏附介质壳层因水分蒸发引起的质量变化为 ΔM_1，因水分扩散引起的质量变化为 ΔM_2，则空间控制体在 dt 时间内的质量总变化量为 ΔM，得到：

$$\Delta M = \rho_M \Delta X_t \frac{4}{3}\pi[(r + \mathrm{d}r)^3 - r^3] \approx \rho_M \Delta X_t 4\pi r^2 \mathrm{d}r$$

$$\Delta M = \Delta M_1 + \Delta M_2$$

式中：

$$\Delta M_1 = J_e 4\pi r^2 \mathrm{d}t - J_{e1} 4\pi (r + \mathrm{d}r)^2 \mathrm{d}t = -4\pi \frac{\partial (J_e r^2)}{\partial r} \mathrm{d}r\mathrm{d}t$$

$$= -4\pi\left(2rJ_e + r^2 \frac{\partial J_e}{\partial r}\right)\mathrm{d}r\mathrm{d}t$$

$$\Delta M_2 = \rho_1 u_r 4\pi r^2 \mathrm{d}t - \rho_1 u_r 4\pi (r + \mathrm{d}r)^2 \mathrm{d}t = -\rho_1 4\pi \frac{\partial (u_r r^2)}{\partial r} \mathrm{d}r\mathrm{d}t$$

$$= -\rho_1 4\pi\left(2ru_r + r^2 \frac{\partial u_r}{\partial r}\right)\mathrm{d}r\mathrm{d}t$$

式中，ρ_M 为煤粒黏附介质干物质密度，kg（干物质）/m^3；

由质量守恒定律得：

$$\rho_M \Delta X_t 4\pi r^2 \mathrm{d}r = -4\pi\left(2rJ_e + r^2 \frac{\partial J_e}{\partial r}\right)\mathrm{d}r\mathrm{d}t - \rho_1 4\pi\left(2ru_r + r^2 \frac{\partial u_r}{\partial r}\right)\mathrm{d}r\mathrm{d}t$$

整理得：

$$\rho_M \frac{\partial X}{\partial t}\mathrm{d}t 4\pi r^2 \mathrm{d}r = -4\pi\left(2rJ_e + r^2 \frac{\partial J_e}{\partial r}\right)\mathrm{d}r\mathrm{d}t - \rho_1 4\pi\left(2ru_r + r^2 \frac{\partial u_r}{\partial r}\right)\mathrm{d}r\mathrm{d}t$$

$$\rho_M \frac{\partial X}{\partial t} = -\left(\frac{2}{r}J_e + \frac{\partial J_e}{\partial r}\right) - \rho_1\left(\frac{2}{r}u_r + \frac{\partial u_r}{\partial r}\right)$$

1.3.2.4 热态流化床干燥过程传热传质数学模型的确定

根据以上分析，得到的热态流化床干燥传热传质数学模型为：

$$\rho C_P \frac{\partial T}{\partial t} r^2 = k\left(2r\frac{\partial T}{\partial r} + r^2 \frac{\partial^2 T}{\partial r^2}\right) + L_V \frac{\partial (J_e r^2)}{\partial r} + C_{P1}\rho_1 \frac{\partial (u_r r^2 T)}{\partial r}$$

$$\rho_M \frac{\partial X}{\partial t} = -\left(\frac{2}{r}J_e + \frac{\partial J_e}{\partial r}\right) - \rho_1\left(\frac{2}{r}u_r + \frac{\partial u_r}{\partial r}\right)$$

2 空气重介质振动流化床技术

2.1 空气重介质振动流化床小型分选试验研究

2.1.1 空气重介质振动流化床小型分选试验系统

为解决空气重介质流化床干法选煤目前存在的问题，根据空气重介质流化床干法选煤原理，结合振动流化床优点及振动工作面上物料输送的特点，设计了新型空气重介质振动流化床分选机。该设备引入振动能量后，通过激振力作直线振动，使重产物在复合力作用下反倾角振动排出，解决了使用刮板输送带来的一系列问题。振动的加入强化了气-固和固-固间的接触，消除了流化死区，并能抑制气泡的生成与长大，减小物料在流化床中按密度分离所受的干扰作用，有利于形成良好的流化状态。同普通流化床相比，振动流化床不但床层密度均匀、稳定，而且空隙率沿轴向分布也较为均匀。本节利用自行设计的空气重介质振动流化床小试分选机，深入分析了煤炭粒度和煤炭可选性对空气重介质振动流化床分选特性的影响；试验以 E_P 值作为分选精度评价指标，E_P 值越小表明分选精度越高。以空气重介质振动流化床分选机为主体构建了小型试验系统，系统由给料、供风、分选及机电控制系统四部分组成，系统示意图和结构图分别如图 2-1 和图 2-2 所示。

给料系统由煤炭给料仓、介质给料仓、振动给料机及混料仓构成，两个给料仓底端分别连接一台振动给料机；物料和介质从给料仓流出后，经振动给料机输送，进入混料仓，在混料仓混合后一同给入分选机，其间，振动给料机的给料速度可通过改变电流大小进行调节。动力供气系统主要由罗茨鼓风机、风包及两个转子流量计构成，其中转子流量计的量程为 $160m^3/h$。罗茨鼓风机提供压缩空气，压缩空气经过滤器将气体中的杂质和水分滤除，净化后的空气由风包稳压后进入分选机的风室；其间，可利用控制阀门调节进入风室的风量及风压，风量可由转子流量计测量。分选系统主要由空气重介质振动流化床分选机及配套设备构成，其中，分选机的布风器由碳钢材质的多孔板及滤布构成，布风器通过通风管与供风系统连接；分选机机体两侧分别安置两台激振器，激振器同机电控制系统连接；分选机工作面同水平面的夹角为 $\alpha=6.5°$；分选机工作面同激振电机振动方向的夹角为 $\delta=35°$。机电控制系统由数字式频率控制仪及控制电闸构成；分选机的振动频率可通过数字式频率控制仪调控，并由 LED 实时显示，频率的调控幅度为 0.1Hz。

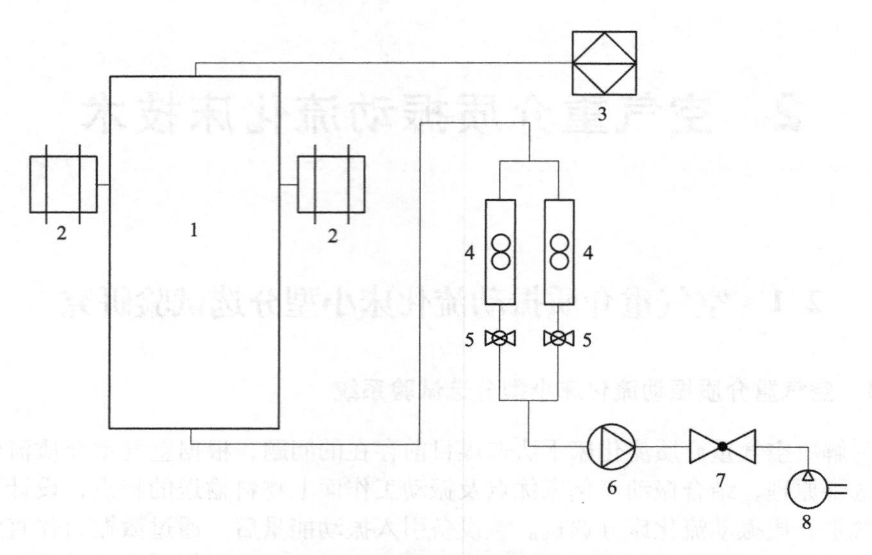

图 2-1 空气重介质振动流化床小型试验系统结构示意图

1—干法分选机；2—激振器；3—机电控制箱；4—转子流量计；
5—调速阀门；6—风包；7—控制阀门；8—罗茨鼓风机

图 2-2 空气重介质振动流化床小型试验系统实物图

2.1.2 试验煤样及其可选性

试验所用煤样为肥煤，因试验需要，分别选用粒度为50~25mm、25~13mm和13~6mm的煤样，经配置，使25~13mm、13~6mm煤样的浮沉组成同50~25mm煤样一致，以便对不同粒度煤炭的分选效果进行更准确的对比分析，浮沉试验结果见表2-1，可选性曲线如图2-3所示；同时为考察煤炭可选性对分选效果的影响，还选用了50~25mm不同密度组成的煤样，分别命名为1号肥煤、2号肥煤、3号肥煤，浮沉试验结果见表2-2~表2-4，可选性曲线如图2-4~图2-6所示。选用的加重质同空气重介质流化床干燥与分选一体化试验相同。

表2-1 肥煤原样浮沉试验结果

密度级 /g·cm^{-3}	本级产率 /%	灰分 /%	浮物累计		沉物累计		分选密度(±0.1)含量	
			产率 /%	灰分 /%	产率 /%	灰分 /%	密度 /g·cm^{-3}	产率 /%
<1.30	6.94	8.78	6.94	8.78	100.00	34.90	1.30	
1.30~1.40	13.69	10.23	20.63	9.74	93.06	36.84	1.40	
1.40~1.50	14.09	15.58	34.72	12.11	79.37	41.43	1.50	
1.50~1.60	11.72	23.87	46.44	15.08	65.28	47.01	1.60	36.49
1.60~1.70	12.10	28.11	58.54	17.77	53.56	52.08	1.70	38.89
1.70~1.80	13.29	41.73	71.83	22.20	41.46	59.07	1.80	30.40
1.80~2.0	13.11	61.53	84.94	28.27	28.17	67.26	1.90	20.08
>2.0	15.06	72.24	100.00	34.90	15.06	72.24		
合计	100.00	34.90						

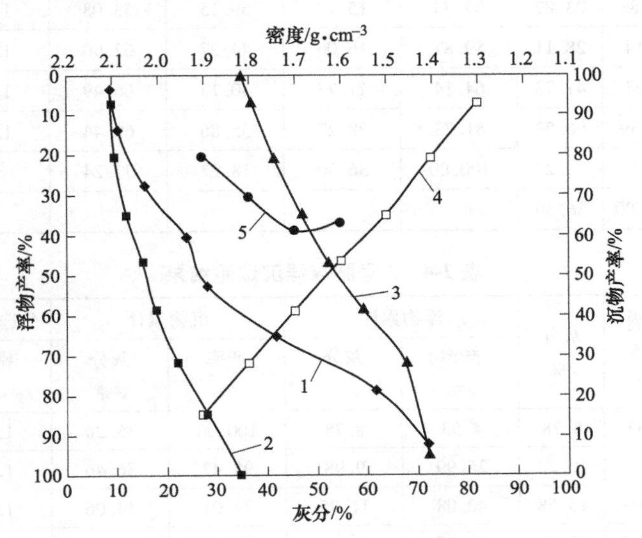

图2-3 肥煤原样可选性曲线

1—灰分特性曲线；2—浮物曲线；3—沉物曲线；4—密度曲线；5—临近密度物曲线

表 2-2 1号肥煤浮沉试验结果

密度级 /g·cm^{-3}	本级产率 /%	灰分 /%	浮物累计		沉物累计		分选密度(±0.1)含量	
			产率 /%	灰分 /%	产率 /%	灰分 /%	密度 /g·cm^{-3}	产率 /%
<1.30	4.19	8.78	4.19	8.78	100.00	37.06	1.30	
1.30~1.40	22.63	10.23	26.82	10.00	95.81	38.30	1.40	
1.40~1.50	13.25	15.58	40.07	11.85	73.18	46.98	1.50	
1.50~1.60	16.68	23.87	56.75	15.38	59.93	53.92	1.60	32.52
1.60~1.70	2.81	28.11	59.56	15.98	43.25	65.51	1.70	8.09
1.70~1.80	2.04	41.73	61.60	16.83	40.44	68.10	1.80	18.75
1.80~2.0	18.39	66.53	79.99	28.26	38.40	69.51	1.90	30.69
>2.0	20.01	72.24	100.00	37.06	20.01	72.24		
合计	100.00	37.06						

表 2-3 2号肥煤浮沉试验结果

密度级 /g·cm^{-3}	本级产率 /%	灰分 /%	浮物累计		沉物累计		分选密度(±0.1)含量	
			产率 /%	灰分 /%	产率 /%	灰分 /%	密度 /g·cm^{-3}	产率 /%
<1.30	4.13	8.78	4.13	8.78	100.00	36.30	1.30	
1.30~1.40	22.09	10.23	26.22	10.00	95.87	37.49	1.40	
1.40~1.50	14.63	15.58	40.85	12.00	73.78	45.65	1.50	
1.50~1.60	14.88	23.87	55.73	15.17	59.15	53.08	1.60	32.16
1.60~1.70	4.14	28.11	59.87	16.06	44.27	62.90	1.70	14.22
1.70~1.80	4.27	41.73	64.14	17.77	40.13	66.49	1.80	22.09
1.80~2.0	17.59	66.53	81.73	28.27	35.86	69.44	1.90	29.74
>2.0	18.27	72.24	100.00	36.30	18.27	72.24		
合计	100.00	36.30						

表 2-4 3号肥煤浮沉试验结果

密度级 /g·cm^{-3}	本级产率 /%	灰分 /%	浮物累计		沉物累计		分选密度(±0.1)含量	
			产率 /%	灰分 /%	产率 /%	灰分 /%	密度 /g·cm^{-3}	产率 /%
<1.30	4.53	8.78	4.53	8.78	100.00	35.20	1.30	
1.30~1.40	21.46	10.23	25.99	9.98	95.47	36.46	1.40	
1.40~1.50	14.09	15.58	40.08	11.95	74.01	44.06	1.50	
1.50~1.60	12.67	23.87	52.75	14.81	59.92	50.76	1.60	34.68
1.60~1.70	8.11	28.11	60.86	16.58	47.25	57.97	1.70	25.80

续表 2-4

密度级 /g·cm^{-3}	本级产率 /%	灰分 /%	浮物累计		沉物累计		分选密度(±0.1)含量	
			产率 /%	灰分 /%	产率 /%	灰分 /%	密度 /g·cm^{-3}	产率 /%
1.70~1.80	7.35	41.73	68.21	19.29	39.14	64.16	1.80	25.72
1.80~2.0	16.12	66.53	84.33	28.32	31.79	69.34	1.90	26.90
>2.0	15.67	72.24	100.00	35.20	15.67	72.24		
合计	100.00	35.20						

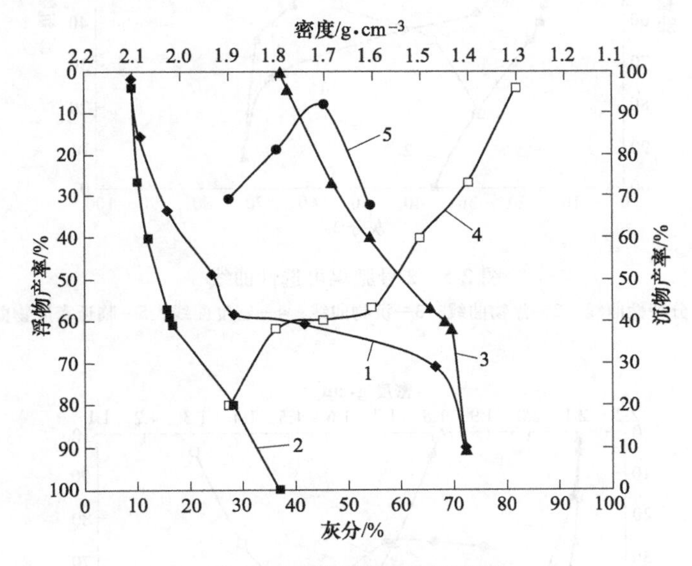

图 2-4 1 号肥煤可选性曲线

1—灰分特性曲线；2—浮物曲线；3—沉物曲线；4—密度曲线；5—临近密度物曲线

2.1.2.1 肥煤原样

通过表 2-1 可以知道：煤炭的各密度级含量相差不大，各密度级的灰分随密度的增大而逐渐增大。通过分析临近密度级含量可知，分选密度为 1.6g/cm^3、1.7g/cm^3、1.8g/cm^{3}时，煤炭为难选煤，分选密度为 1.9g/cm^{3}时，煤炭为较难选煤。通过可选性曲线分析：当精煤灰分为 18%时，尾煤产率为 40%，精煤产率为 60%，分选密度为 1.72g/cm^3，分选密度（±0.1）含量为 38%，煤炭为难选煤。

2.1.2.2 1 号肥煤

通过表 2-2 可以知道：煤炭的各密度级含量不均匀，各密度级的灰分随密度的增大而逐渐增大。1.3~1.4g/cm^3、1.4~1.5g/cm^3、1.5~1.6g/cm^3、1.8~2.0g/cm^3、>2.0g/cm^{3}的密度级含量较大，其余密度级含量较少；通过分析临近

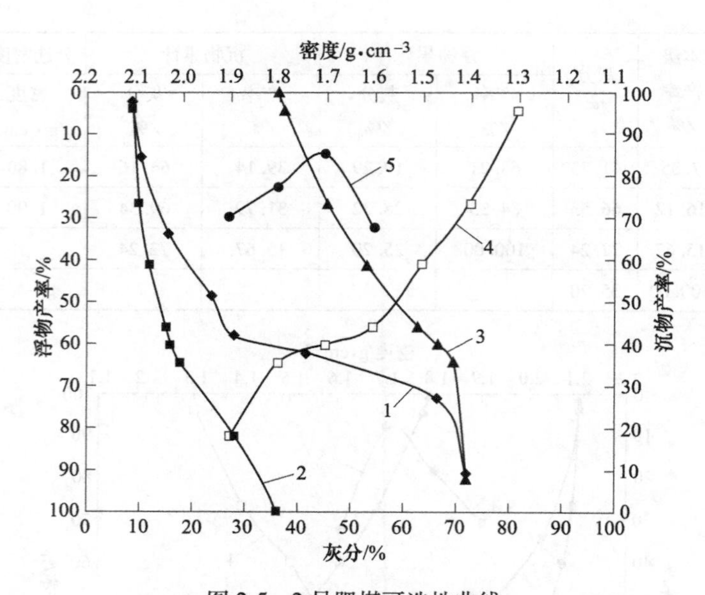

图 2-5　2 号肥煤可选性曲线

1—灰分特性曲线；2—浮物曲线；3—沉物曲线；4—密度曲线；5—临近密度物曲线

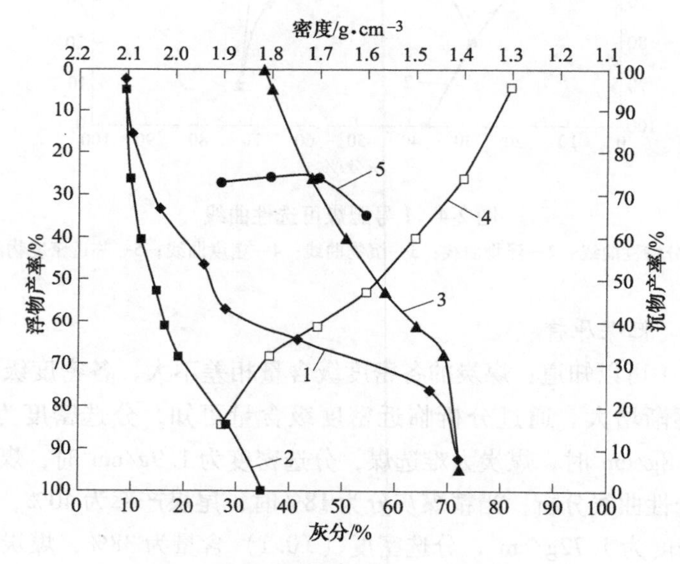

图 2-6　3 号肥煤可选性曲线

1—灰分特性曲线；2—浮物曲线；3—沉物曲线；4—密度曲线；5—临近密度物曲线

密度级含量可知，分选密度为 1.6g/cm^3、1.9g/cm^{3}时，煤炭为难选煤，分选密度为 1.8g/cm^{3}时，煤炭为中等可选煤，分选密度为 1.7g/cm^{3}时，煤炭为易选煤。

通过可选性曲线分析：当精煤灰分为16%时，尾煤产率为40%，精煤产率为60%，分选密度为1.71g/cm³，分选密度（±0.1）含量为8%，煤炭为易选煤。

2.1.2.3 2号肥煤

通过表2-3可以知道：煤炭的各密度级含量不均匀，各密度级的灰分随密度的增大逐渐增大。1.3~1.4g/cm³、1.4~1.5g/cm³、1.5~1.6g/cm³、1.8~2.0g/cm³、>2.0g/cm³的密度级含量较大，其余密度级含量较少；通过分析临近密度级含量可知，分选密度为1.6g/cm³时，煤炭为难选煤，分选密度为1.8g/cm³、1.9g/cm³时，煤炭为较难选煤，分选密度为1.7g/cm³时，煤炭为中等可选煤。通过可选性曲线分析：当精煤灰分为16%时，尾煤产率为40%，精煤产率为60%，分选密度为1.70g/cm³，分选密度（±0.1）含量为14%，煤炭为中等可选煤。

2.1.2.4 3号肥煤

通过表2-4可以知道：煤炭的各密度级含量不均匀，各密度级的灰分随密度的增大而逐渐增大。1.3~1.4g/cm³、1.4~1.5g/cm³、1.5~1.6g/cm³、1.8~2.0g/cm³、>2.0g/cm³的密度级含量较大，其余密度级含量较少；通过分析临近密度级含量可知，分选密度为1.6g/cm³时，煤炭为难选煤，分选密度为1.7g/cm³、1.8g/cm³、1.9g/cm³时，煤炭为较难选煤。通过可选性曲线分析：当精煤灰分为17%时，尾煤产率为37%，精煤产率为63%，分选密度为1.74g/cm³，分选密度（±0.1）含量为25%，煤炭为较难选煤。

2.1.3 煤炭粒度对空气重介质振动流化床分选特性影响研究

空气重介质振动流化床对不同物性煤炭的分选效果明显好于普通空气重介质流化床，分选下限也比普通空气重介质流化床低，因此，它是目前空气重介质流化床选煤的重点研究方向。煤炭的粒度上限及下限是考察选煤设备实用性的重要指标，本节利用自行设计的空气重介质振动流化床分选机对不同粒级煤炭进行了分选试验，并对试验结果进行了详尽的分析，考察了煤炭粒度对空气重介质振动流化床分选特性的影响。本节将煤炭分为50~25mm、25~13mm、13~6mm三个不同的粒级，并且经过调配，使三个粒级煤炭的浮沉组成一致，以便消除煤炭可选性对试验结果的影响，煤样浮沉试验结果见表2-1，可选性曲线如图2-3所示。风量和抛掷指数是影响振动流化床分选效果的重要操作参数，其中抛掷指数D可表示为

$$D = \frac{4\pi^2 f^2 \lambda \sin\delta}{g\cos\alpha}$$

式中，f为振动频率；λ为振幅；δ为气体分布板与激振器的夹角；α为地面与工作面的夹角。

试验选用的风量为80m³/h、100m³/h、120m³/h、140m³/h、160m³/h，选用

的抛掷指数为 1.25、1.32、1.39、1.46、1.53，分别对三个粒级的煤炭在不同风量和抛掷指数下进行分选试验，以确定每个粒级的最优操作参数。

2.1.3.1 50~25mm 煤炭分选特性研究

设定好操作参数，通风开机，通过振动给料机连续给入 50~25mm 煤炭和磁铁矿粉，物料进入空气重介质振动流化床后按密度分层，重产物随振动被反倾角排出，轻产物从溢流口排出；根据轻重产物的浮沉组成，计算出分配率，绘制分配曲线，并在分配曲线上读取分选密度的数值，算出 E_P值。为更准确地考察风量和抛掷指数对 50~25mm 煤炭分选效果的影响，每组做两次平行试验，E_P值和分选密度取两次平行试验的平均值。

A 风量和抛掷指数对 50~25mm 煤炭分选精度的影响

图 2-7 为不同风量和抛掷指数下，50~25mm 煤炭的 E_P值。如图 2-7 所示，在同一风量下，E_P值随抛掷指数的增加，先减小后增大，抛掷指数为 1.46 时，E_P值最小，分选精度最高；在同一抛掷指数下，E_P值随风量的增加，先减小后增大，当风量为 140m³/h 时，E_P值最小，分选精度最高；同其他风量相比，风量为 80m³/h 时的分选效果明显较差；风量较小时，抛掷指数对分选精度的影响较大，随着风量的增大，抛掷指数对分选精度的影响被削弱。

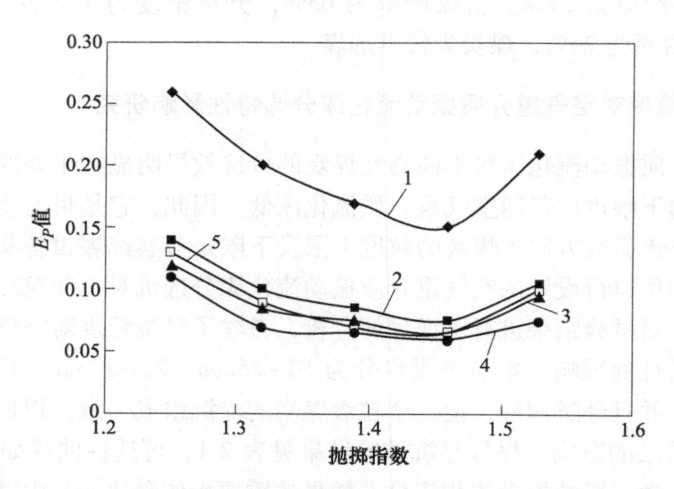

图 2-7 风量和抛掷指数对 50~25mm 煤炭 E_P值的影响

1—80m³/h；2—100m³/h；3—120m³/h；4—140m³/h；5—160m³/h

首先单独分析一下风量对分选精度的影响，风量为 80m³/h 时，流化床床层整体较为黏稠，流动性差，加重质粒子具有较低的活性，物料进入流化床后，由于受到较大的黏性错配作用无法正常地按照密度分层，不能得到有效的分选，从而导致分选精度较差；随着风量的升高，加重质粒子所具备的活性加强，床层的整体流动性也会增加，这削弱了黏性错配效应，使得物料进入床层后的分选精度有所提升；当风量增加至 140m^3/h，流化床床层已经具备良好的均匀性和稳定性，黏性错配效应对物料分选的干扰降到最低，煤炭的 E_P值最小，取得了最高的分选精度，随着风量的进一步增大，床层内气泡的生成和合并现象严重，运动错配效应增加，从而对物料的分选产生了较强的干扰作用，因此，分选精度会降低。

再单独分析抛掷指数对分选精度的影响，由于引入了振动能量，床层最底层的加重质颗粒会与分选机底部发生紧密接触，分选机振动时，会首先将振动能量传递于底层的加重质颗粒，由于加重质颗粒之间会相互接触，底层的加重质颗粒会将振动能量逐步向床层上部传递，但是由于颗粒间的摩擦和碰撞会消耗一定的振动能量，随着床层高度的增加，振动效应的影响越来越小；抛掷指数为 1.25 时，由于振动能量不足以克服颗粒间的黏附作用及颗粒群自身的质量等因素的影响，使得床层在与分选机底部相互碰撞的过程中逐步被压实，从而对物料的分选造成不利影响，随着抛掷指数的增加，颗粒间的黏附作用及颗粒群自身的质量等因素对床层的影响逐步被克服，这样就可以有充足的振动能量进一步向床层上部传递，随着颗粒间的不断摩擦和碰撞，振动效应所产生的作用会扩散至整个床层，当抛掷指数为 1.46 时，流化床气-固和固-固间充分接触，消除了流化死区，抑制了气泡的生成与长大，使床层形成良好的流化状态，减小了物料在空气重介质振动流化床中按密度分离所受的干扰作用，相同风量下，此时的分选精度最高；当抛掷指数进一步增大时，振动能量在床层中传递的不均匀性增强，颗粒会有不规则的剧烈运动，部分颗粒群会在床体边壁形成多循环流，且床体内返混翻滚现象严重，床层表面还出现喷射现象，这严重影响物料在床层中的按密度分选，因此分选精度又会逐步下降。

振动流化床是在风量和振动能量交互作用下形成的，研究不同操作参数下两者的交互作用对分选效果的影响有利于进一步了解空气重介质振动流化床分选机理。由图 2-7 可以看出，风量为 80m^3/h 时，各抛掷指数下的 E_P值明显低于其他几个风量，并且随着抛掷指数的增加，分选精度变化幅度比较大，这说明在风量比较小时，抛掷指数对分选精度的影响作用较大；随着风量的增加，流化床流动状态改善，加重质粒子活性增强，抛掷指数对分选精度的影响作用被削弱。由此可知，风量是决定床层流化状态好坏的基础，振动能量对改善流化状态起到辅助作用，在一定范围内，风量的增大会削弱振动能量对床层流化状态的影响。

B 风量和抛掷指数对 50~25mm 煤炭分选密度的影响

图 2-8 为不同风量和抛掷指数下，50~25mm 煤炭的分选密度。如图 2-8 所示，在同一风量下，随抛掷指数的增加，煤炭的分选密度先减小后增大，在抛掷指数为 1.46 时，分选密度最低；在同一抛掷指数下，随风量的增加，煤炭的分

选密度先减小后增大，当风量为140m³/h时，分选密度最低；随着抛掷指数的增加，各风量间分选密度的差值减小。

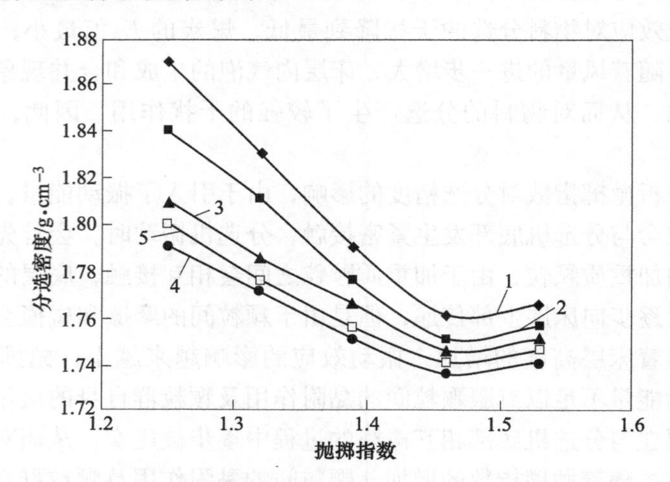

图 2-8　风量和抛掷指数对50~25mm煤炭分选密度的影响

1—80m³/h；2—100m³/h；3—120m³/h；4—140m³/h；5—160m³/h

风量较小时，流化床床层的空隙率比较小，加重质粒子的活性比较低，床层黏稠且流动性差，导致床层的真实密度较大；由于床层的分选密度和真实密度有一定的一致性，因此床层的分选密度也比较大；风量的增加会使气流克服颗粒间的阻力，并且较均匀地穿过颗粒间的缝隙，从而引发松散效应，这会增强加重质分子的活性及床层的流动性，使得床层的空隙率增加，床层密度从而不断减小，分选密度也会相应地随风量的增大而减小，当风量过大时，床层密度可能仍会小幅下降，但由于床层中运动错配效应增加，加重质返混程度增大，床层的均匀稳定性变差，床层中的物料容易发生错配，并且错配入轻产物中的重产物会多于错配入重产物中的轻产物，因此，床层的分选密度会增大。

当抛掷指数较小时，振动能量的引入会使床层在以一定规律运动的同时逐步被压实，这使得床层的真实密度和分选密度都比较大，随着抛掷指数的增加，床层气-固和固-固间的接触增加，床层的活性和流化状态都会得到改善，同时床层的膨胀率增大，因此，床层密度会随抛掷指数的增大而减小；由于抛掷指数的增大会有利于重产物的排出，这改善了床层的流化状态，减小了物料错配量，使分选密度同床层密度间的关联性增强，因此，分选密度也会随抛掷指数的增大而减小。但随着抛掷指数进一步大时，床层状态紊乱，错配入轻产物中的重产物会多于错配入重产物中的轻产物，所以，床层的分选密度会增大。由图2-8还可以看出，随着抛掷指数的增加，风量对分选密度的影响作用被削弱，这说明当抛掷指数增大至一定程度，振动能量对床层的松散状态影响作用明显，容易使床层处于松散状态。

2.1.3.2 25~13mm 煤炭分选特性研究

同 50~25mm 分选试验的操作过程相同，对浮沉组成相同的 25~13mm 煤炭进行分选试验，根据轻重产物的浮沉组成，求取 E_P值和分选密度的数值，每组做两次平行试验，E_P值和分选密度取两次平行试验的平均值；通过调整试验操作参数，考察风量和抛掷指数对 25~13mm 煤炭分选效果的影响。

A 风量和抛掷指数对 25~13mm 煤炭分选精度的影响

图 2-9 为不同风量和抛掷指数下，25~13mm 煤炭 E_P值的变化规律。如图 2-9 所示，25~13mm 煤炭分选效果随风量和抛掷指数的变化规律同 50~25mm 煤炭相似；相同风量下，随抛掷指数的增加，E_P值先减小后增加，抛掷指数为 1.46 时，E_P值最小，分选精度最高；相同抛掷指数下，随风量的增加，E_P值先减小后增大，当风量为 140m³/h 时，E_P值最小，分选精度最高；风量为 80m³/h 时的分选效果明显差于其他风量；抛掷指数对分选精度的影响随着风量的增大逐步被削弱。

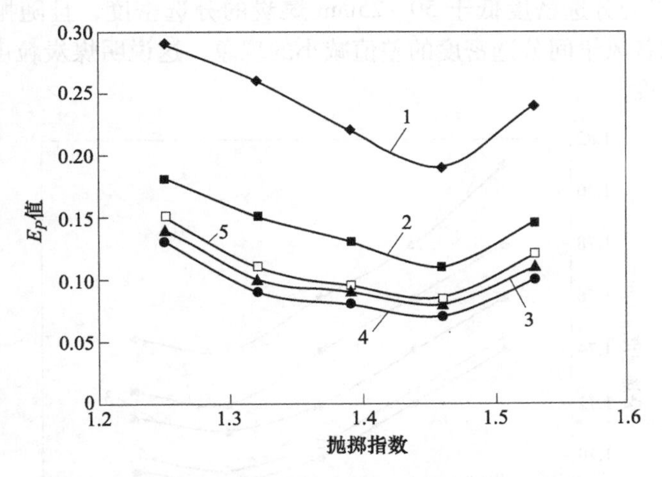

图 2-9 风量和抛掷指数对 25~13mm 煤炭 E_P值的影响

1—80m³/h；2—100m³/h；3—120m³/h；4—140m³/h；5—160m³/h

不同风量下，25~13mm 煤炭分选效果随抛掷指数的变化规律同 50~25mm 煤炭极为相似，这说明两个粒级煤炭受风量和抛掷指数影响的原因也基本一致；50~25mm 煤炭分选特性研究已经详细解释了风量、抛掷指数及两者的交互作用对其分选效果的影响。之所以两个粒级煤炭分选精度的变化规律一致，是因为 50~25mm 和 25~13mm 煤炭的粒度都远大于加重质粒子，加重质粒子返混及循环运动不会对两个粒级煤炭在床层中的运动状态产生严重影响，因此，两者的分选效果基本由床层状态的好坏决定，床层的流化状态达到最佳时，两个粒级煤炭都会实现最好的分选效果。不同的是，相同操作参数下，25~13mm 煤炭的分选精度基本都低于 50~25mm 煤炭，并且相同操作参数下，25~13mm 煤炭不同风量间分选精度的差距大于 50~25mm 煤炭；这是因为煤炭粒度越小，越容易受到床层加重质返混引起的介质阻力等因素的影响，因此分选精度会下降，并且小粒级煤炭的分选精度对床层状态的变化更为敏感。

B 风量和抛掷指数对 25~13mm 煤炭分选密度的影响

图 2-10 为不同风量和抛掷指数下，25~13mm 煤炭分选密度的变化规律。如图 2-10 所示，25~13mm 煤炭分选密度随风量和抛掷指数的变化规律同 50~25mm 煤炭相似；相同风量下，随抛掷指数的增加，煤炭的分选密度先减小后增大，在抛掷指数为 1.46 时，分选密度最低；相同抛掷指数下，随风量的增加，煤炭的分选密度先减小后增大，当风量为 $140m^3/h$ 时，分选密度最低。

分选密度同床层真实密度和入选物料的物性密切相关，25~13mm 煤炭分选密度随风量和抛掷指数的变化规律同 50~25mm 煤炭的一致性，说明了两个粒级煤炭分选密度随操作参数变化的原因十分相近，但不同的是，相同操作参数下，25~13mm 煤炭的分选密度低于 50~25mm 煤炭的分选密度，且随抛掷指数的增大，没有出现各风量间分选密度的差值减小的现象，这说明煤炭粒度的差别同样影响了分选密度。

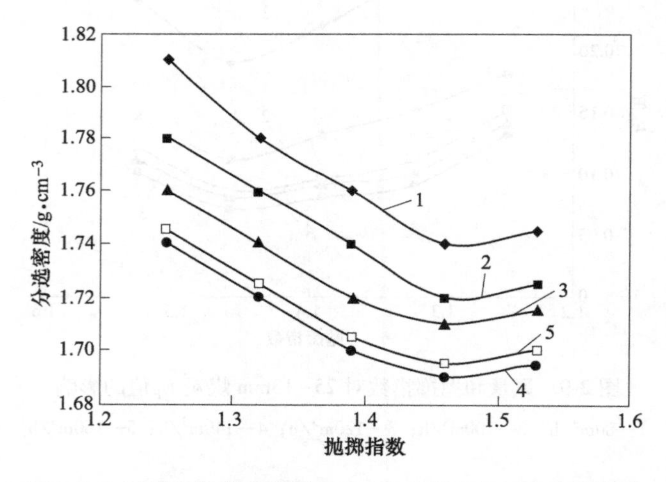

图 2-10 风量和抛掷指数对 25~13mm 煤炭分选密度的影响

1—$80m^3/h$；2—$100m^3/h$；3—$120m^3/h$；4—$140m^3/h$；5—$160m^3/h$

2.1.3.3 13~6mm 煤炭分选特性分析

设定好操作参数，通风开机，并通过振动给料机连续给入 13~6mm 煤炭和磁铁矿粉，分选试验结束后，根据轻重产物的浮沉组成，求取 E_P 值和分选密度的数值，每组做两次平行试验，E_P 值和分选密度取两次平行试验的平均值；通过调整试验操作参数，考察风量和抛掷指数对 13~6mm 煤炭分选效果的影响。

A 风量和抛掷指数对 13~6mm 煤炭分选精度的影响

图 2-11 为不同风量和抛掷指数下，13~6mm 煤炭的 E_P值。如图 2-11 所示，分选效果随风量和抛掷指数的变化规律同 25~13mm 及 50~25mm 煤炭变化趋势相同，但不同风量下，抛掷指数对 E_P值的影响作用同前两个粒级有明显区别。由图 2-11 可以看出，13~6mm 煤炭的 E_P值明显高于 25~13mm 和 50~25mm 煤炭。因为床层内加重质运动状态极为复杂，而 13~6mm 煤炭粒度较小，物料进入流化床后很容易受到加重质宏观返混及床内气泡的影响，不能严格按照密度分离，因此，E_P值普遍偏高，分选精度较差。同时，可以从图 2-11 中观察到，不同风量下，13~6mm 煤炭 E_P值随抛掷指数的变化规律与 25~13mm 和 50~25mm 煤炭有所不同，当风量为 80m³/h 时，E_P值随抛掷指数的变化幅度不大，当风量增至 140m³/h 时，E_P值随抛掷指数的变化幅度较大，这说明要想实现细颗粒的有效分选，适宜的风量是前提，风量为 80m³/h 时，即使在最佳抛掷指数下，床层的流化状态也很难满足它实现有效分选的要求；风量为 140m³/h 时，低抛掷指数下，床层容易被振实，细颗粒煤炭很难得到有效分选，随着抛掷指数的增加，振动与气流交互作用会使床层进一步松散，当抛掷指数为 1.46 时，床层完全流化，整个床层被振动力及气流托起，这时的床层不但具有良好的均匀稳定性还具备足够的活性，有利于细粒煤的有效分选。

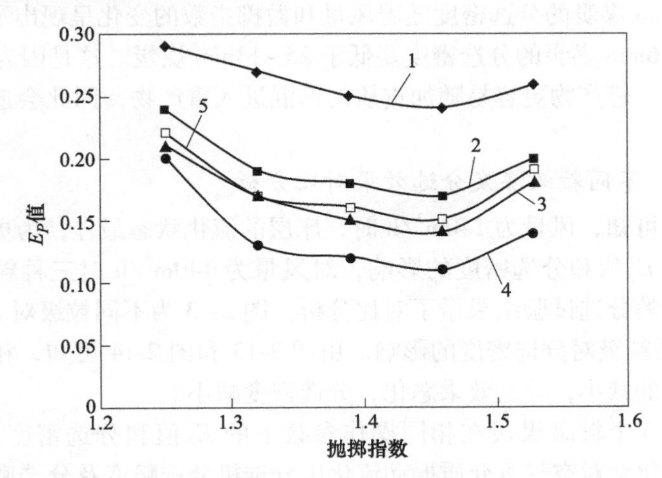

图 2-11 风量和抛掷指数对 13~6mm 煤炭 E_P值的影响

1—80m³/h；2—100m³/h；3—120m³/h；4—140m³/h；5—160m³/h

B 风量和抛掷指数对 13~6mm 煤炭分选密度的影响

图 2-12 为不同风量和抛掷指数下，13~6mm 煤炭的分选密度。如图 2-12 所示，13~6mm 煤炭分选密度随风量和抛掷指数的变化规律同 25~13mm 及 50~

25mm 煤炭相似；随着风量的增加，分选密度先减小后增大，随着抛掷指数的增大，分选密度先减小后增大。

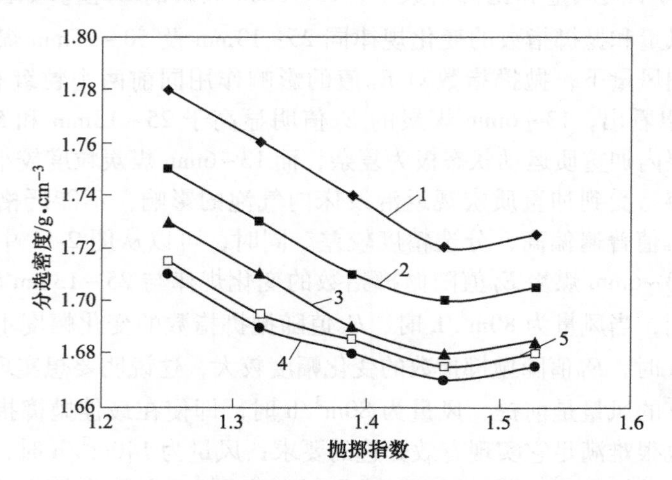

图 2-12　风量和抛掷指数对 13~6mm 煤炭分选密度的影响

1—80m³/h；2—100m³/h；3—120m³/h；4—140m³/h；5—160m³/h

虽然 13~6mm 煤粒在流化床中的运动状态比 25~13mm 和 50~25mm 煤炭杂乱，但 13~6mm 煤炭的分选密度随着风量和抛掷指数的变化呈现出了较强的规律性，并且 13~6mm 煤炭的分选密度要低于 25~13mm 煤炭。这是因为 13~6mm 煤粒物料粒度小，轻产物更容易随加重质的返混进入重产物，因此会造成煤炭分选密度偏低。

2.1.3.4　不同粒级煤炭分选效果对比分析

通过试验可知，风量为 140m³/h 时，床层的流化状态最佳；为更确切分析煤炭粒度变化对 E_P 值和分选密度的影响，对风量为 140m³/h 时三种粒级煤炭在不同抛掷指数下的分选试验结果做了对比分析。图 2-13 为不同粒级对 E_P 值的影响，图 2-14 为不同粒级对分选密度的影响。由图 2-13 和图 2-14 可知，相同操作参数下，随着粒度的减小，分选效果恶化，分选密度减小。

通过比较 3 个粒级煤炭在相同操作参数下的 E_P 值和分选密度，可以看出，煤炭粒度的变化会对空气重介质振动流化床分选机分选精度及分选密度产生重要影响。粒度较大时，物料在床层中受到床层内气泡行为、宏观返混引起的曳力等因素的影响较小，所受的流化床净浮力起主导作用，更容易实现按密度分离；随着粒度的减小，物料在床层内部受到的干扰作用加重，当物料粒级为 13~6mm 时，分选效果迅速恶化。从图 2-14 中还可以看出，分选密度会随煤炭粒度的减小而降低，这是因为，粒度大的物料更容易按照床层的密度分选，分选密度更接近于床层的真实密度，随着物料粒度的降低，物料运动状态受加重质返混作用影

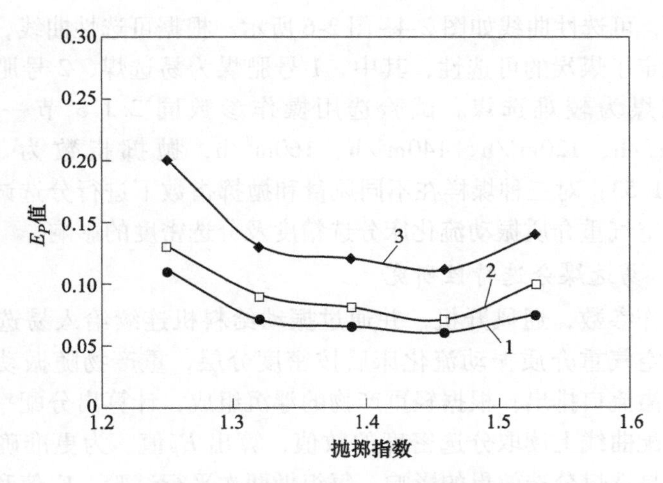

图 2-13 煤炭粒度对 E_P值的影响

1—50~25mm；2—25~13mm；3—13~6mm

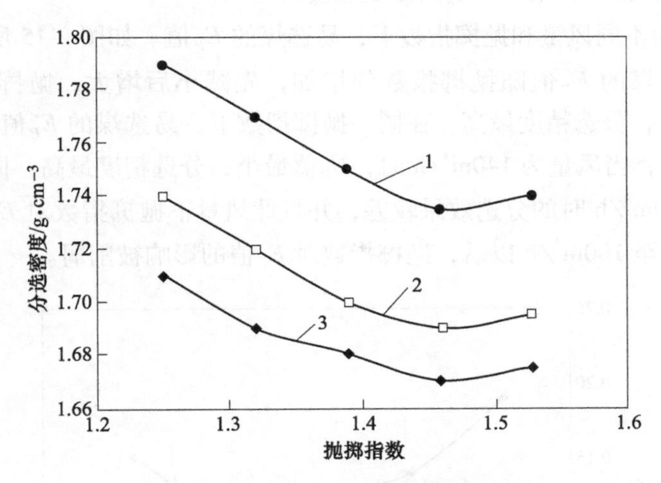

图 2-14 煤炭粒度对分选密度的影响

1—50~25mm；2—25~13mm；3—13~6mm

响加重，并且轻产物随加重质进入重产物的趋势要大于重产物进入轻产物，因此物料的分选密度会随煤炭粒度的减小逐步下降。

2.1.4 煤炭可选性对空气重介质振动流化床分选特性影响研究

2.1.3 节详述了煤炭粒度对空气重介质振动流化床分选特性的影响，本节将介绍煤炭可选性对空气重介质振动流化床分选效果的影响。选用 1 号肥煤、2 号肥煤、3 号肥煤作为入选煤样，煤样粒度均为 50~25mm，煤样浮沉组成见

表 2-2~表 2-4，可选性曲线如图 2-4~图 2-6 所示。根据可选性曲线，结合流化床分选密度，确定了煤炭的可选性，其中，1 号肥煤为易选煤，2 号肥煤为中等可选煤，3 号肥煤为较难选煤。试验选用操作参数同 2.1.3 节一致，风量为 80m³/h、100m³/h、120m³/h、140m³/h、160m³/h，抛掷指数为 1.25、1.32、1.39、1.46、1.53；对三种煤样在不同风量和抛掷指数下进行分选试验，考察煤炭的可选性对空气重介质振动流化床分选精度及分选密度的影响。

2.1.4.1　易选煤分选特性研究

设定好操作参数，通风开机，并通过振动给料机连续给入易选煤和磁铁矿粉，物料进入空气重介质振动流化床后按密度分层，重产物随振动被反倾角排出，轻产物从溢流口排出；根据轻重产物的浮沉组成，计算出分配率，绘制分配曲线，并在分配曲线上读取分选密度的数值，算出 E_P 值。为更准确地考察风量和抛掷指数对易选煤分选效果的影响，每组做两次平行试验，E_P 值和分选密度取两次平行试验的平均值。

A　风量和抛掷指数对易选煤分选精度的影响

图 2-15 为不同风量和抛掷指数下，易选煤的 E_P 值。如图 2-15 所示，在同一风量下，易选煤的 E_P 值随抛掷指数的增加，先减小后增大，抛掷指数为 1.46 时，E_P 值最小，分选精度最高；在同一抛掷指数下，易选煤的 E_P 值随风量增加，先减小后增大，当风量为 140m³/h 时，E_P 值最小，分选精度最高；同其他风量相比，风量为 80m³/h 时的分选效果较差，并且此风量下抛掷指数对 E_P 值有较大影响，风量增大至 100m³/h 以后，抛掷指数对 E_P 值的影响被削弱。

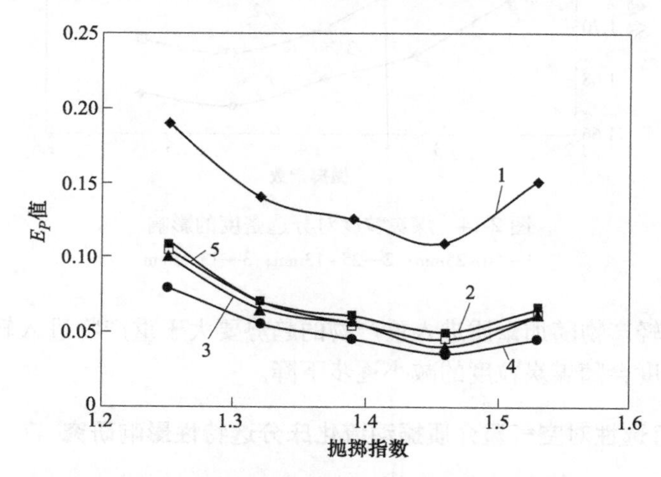

图 2-15　风量和抛掷指数对易选煤 E_P 值的影响

1—80m³/h；2—100m³/h；3—120m³/h；4—140m³/h；5—160m³/h

从图 2-15 可以看出，风量为 80m³/h 时，分选精度整体较低，但随着抛掷指数的增加，振动能量加强，振动能量在床层中的不断传递使得气-固间的接触更为充分，流化状态得到改善，床层活性增强，分选精度逐步提升；当抛掷指数为 1.46 时，床层的流化状态在此风量下达到最佳；抛掷指数进一步增大时，床层内颗粒的不规则运动加剧，返混严重，导致床层不稳定性增加，分选效果逐步恶化；同时可以看出风量为 80m³/h 时，分选精度随风量和抛掷指数的变化幅度要大于其他风量，说明此风量下抛掷指数对分选精度的影响起到重要作用。相同抛掷指数下，随着风量的增大，床层流化状态逐步改善，分选效果变好，当风量为 140m³/h 时，E_P值最小，分选精度最高，风量继续增加至 160m³/h 时，床层内不断上升的气泡增加，且气泡合并现象加重，床层的紊乱程度增加，分选精度会有所下降；风量为 100m³/h、120m³/h、140m³/h、160m³/h 时，分选精度随抛掷指数变化的规律同风量为 80m³/h 相似，但变化幅度明显比风量为 80m³/h 时小，这说明风量增加至 100m³/h 后，风量对流化效果和分选效果起到主导作用，振动能量只能起辅助作用。

B 风量和抛掷指数对易选煤分选密度的影响

图 2-16 为不同风量和抛掷指数下，易选煤的分选密度。如图 2-16 所示，同一风量下，随抛掷指数的增加，煤炭的分选密度先减小后增大；在同一抛掷指数下，随风量的增加，煤炭的分选密度先减小后增大。

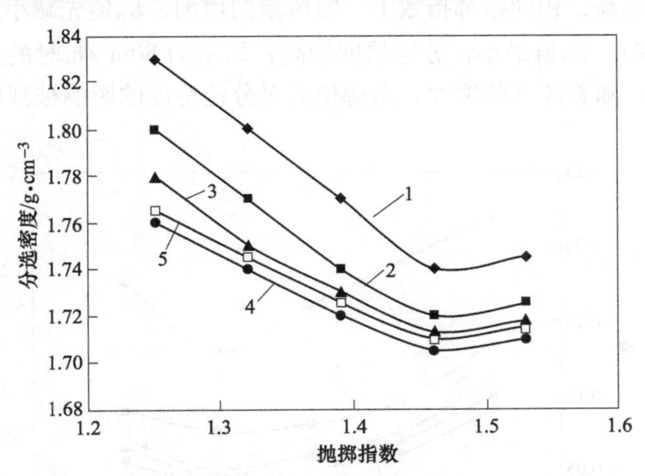

图 2-16 风量和抛掷指数对易选煤分选密度的影响

1—80m³/h；2—100m³/h；3—120m³/h；4—140m³/h；5—160m³/h

从图 2-16 可以看出，随着风量的增大，易选煤的分选密度先减小后增大，这是因为，风量的增大使得床层变得更为松散，空隙率增加，从而使得床层密度减小，由于物料是根据床层密度进行分选的，因此物料的分选密度自然也会减小；但当风量过大时，床层密度虽然有可能继续减小，但流化床的均匀稳定性减弱，床层密度和分选密度间的关联性降低，错配入轻产物中的重产物会多于错配入重产物中的轻产物，所以，床层的分选密度会增大。当抛掷指数较小时，床层容易被振实，床层密度会较大，随着抛掷指数的增加，振动能量使得床层活性增强，膨胀率增加，床层密度不断减小，并且由于重产物排出速度增加，物料分选状态变好，床层密度和分选密度间的关联性较强，因此，分选密度也会逐步减小；当抛掷指数进一步增大时，床层运动错配效应增强，错配入轻产物中的重产物会多于错配入重产物中的轻产物，因此，分选密度会增大。

2.1.4.2 中等可选煤分选特性研究

操作过程同易选煤分选试验相同，对中等可选煤进行分选试验，根据轻重产物的浮沉组成，求取 E_P 值和分选密度的数值，每组做两次平行试验，E_P 值和分选密度取两次平行试验的平均值；通过调整试验操作参数，考察风量和抛掷指数对中等可选煤分选效果的影响。

A 风量和抛掷指数对中等可选煤分选精度的影响

图 2-17 为不同风量和抛掷指数下，中等可选煤炭 E_P 值的变化规律。如图 2-17 所示，中等可选煤炭分选效果随风量和抛掷指数的变化规律同易选煤相似；相同风量下，随抛掷指数的增加，E_P 值先减小后增加，抛掷指数为 1.46 时，E_P 值最小，分选精度最高；相同抛掷指数下，随风量的增加，E_P 值先减小后增大，当风量为 140m³/h 时，E_P 值最小，分选精度最高；风量为 80m³/h 时的分选效果明显差于其他风量；随着风量的增大，抛掷指数对分选精度的影响被削弱。

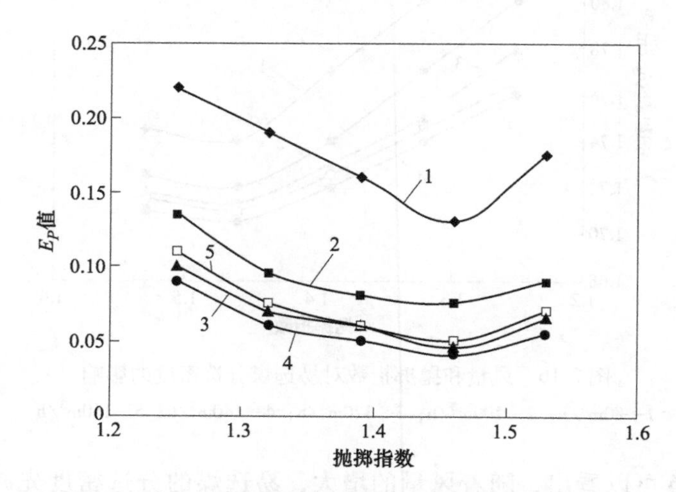

图 2-17 风量和抛掷指数对中等可选煤 E_P 值的影响

1—80m³/h；2—100m³/h；3—120m³/h；4—140m³/h；5—160m³/h

从图2-17中可以看出，中等可选煤随风量和抛掷指数的变化规律同易选煤极为相似，两者取得最佳分选效果的风量区间和抛掷指数区间也一致，这说明只要床层流化状态较好，不同可选性煤炭在此操作参数下都可以取得较佳的分选效果。但不同的是，在相同操作参数下中等可选煤的分选精度低于易选煤，这是因为物料的分选精度会受床层流化状态和煤炭可选性的共同影响，床层流化状态相近时，煤炭的物性就会对分选效果起主导作用，中等可选煤由于中间密度物含量比易选煤高，会使物料错配的概率增加，导致分选效果恶化。

B 风量和抛掷指数对中等可选煤分选密度的影响

如图2-18所示，同易选煤分选密度变化规律相似，同一风量下，随着抛掷指数的增加，中等可选煤的分选密度先减小后增大；在同一抛掷指数下，随着风量的增加，中等可选煤的分选密度先减小后增大；但相同操作参数下，中等可选煤的分选密度要大于易选煤。

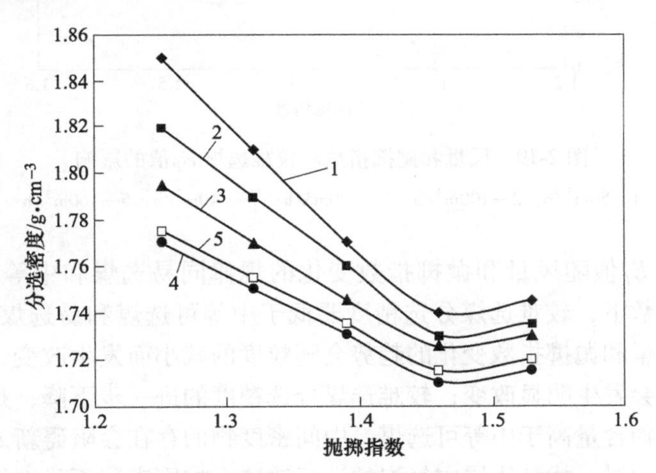

图2-18 风量和抛掷指数对中等可选煤分选密度的影响

1—80m^3/h；2—100m^3/h；3—120m^3/h；4—140m^3/h；5—160m^3/h

中等可选煤分选密度随风量和抛掷指数的变化规律及变化的内在原因同易选煤炭相似。但在相同操作参数下，中等可选煤的分选密度要大于易选煤，这可能是由于中等可选煤的中间密度物含量要高于易选煤，错配会比易选煤严重，分选过程中会有较多的重产物进入轻产物中，从而导致分选密度增加。

2.1.4.3 较难选煤分选特性研究

设定好操作参数，通风开机，并通过振动给料机连续给入较难选煤和磁铁矿粉，分选试验结束后，根据轻重产物的浮沉组成，求取E_P值和分选密度的数值，每组做两次平行试验，E_P值和分选密度取两次平行试验的平均值；通过调整试验操作参数，考察风量和抛掷指数对较难选煤分选效果的影响。

A 风量和抛掷指数对较难选煤分选精度的影响

图 2-19 为不同风量和抛掷指数下，较难选煤的 E_P值。如图 2-19 所示，较难选煤分选效果随风量和抛掷指数的变化同易选煤及中等可选煤变化趋势相同。

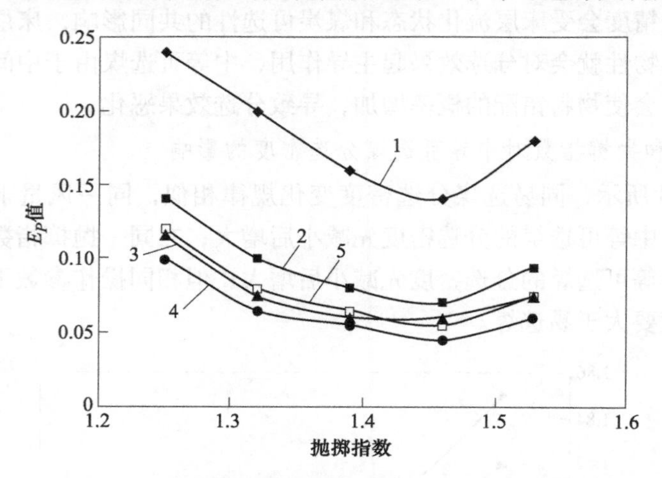

图 2-19 风量和抛掷指数对较难选煤 E_P值的影响

1—80m^3/h；2—100m^3/h；3—120m^3/h；4—140m^3/h；5—160m^3/h

较难选煤 E_P值随风量和抛掷指数变化的规律同易选煤和中等可选煤类似，但相同操作参数下，较难选煤分选精度要低于中等可选煤和易选煤。可以看出，分选精度随风量和抛掷指数变化的趋势会随粒度的减小而发生改变，但随煤炭可选性的变化不会发生明显改变；较难选煤分选精度的进一步下降，是由于较难选煤炭中间密度物含量高于中等可选煤，中间密度物的存在会阻碍新入选物料在床层中的分离，同时，扰乱床层中气泡的运行轨迹，加剧床层不稳定性，因此三种不同可选性煤炭中，较难选煤的分选精度最低。

B 风量和抛掷指数对较难选煤炭分选密度的影响

图 2-20 为不同风量和抛掷指数下，较难选煤炭的分选密度。如图 2-20 所示，同一风量下，随抛掷指数的增加，较难选煤炭的分选密度先减小后增大；在同一抛掷指数下，随风量的增加，较难选煤炭的分选密度先减小后增大；相同操作参数下，同易选煤和中等可选煤相比，较难选煤的分选密度最大。较难选煤炭的分选密度随着风量和抛掷指数变化的规律同中等可选煤和易选煤呈现出了较强的一致性，并且较难选煤的分选密度要高于中等可选煤炭。这说明，风量和抛掷指数是决定分选密度的主导因素，煤炭可选性差异会在一定程度改变分选密度。

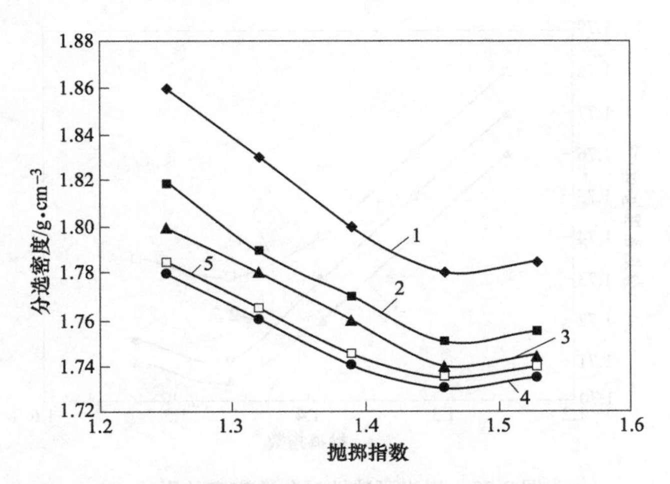

图 2-20 风量和抛掷指数对较难选煤分选密度的影响

1—80m³/h；2—100m³/h；3—120m³/h；4—140m³/h；5—160m³/h

2.1.4.4 不同可选性煤炭分选效果对比分析

通过试验可知，风量为 140m³/h 时，床层的流化状态最佳；为更确切分析煤炭可选性对分选精度和分选密度的影响，对风量为 140m³/h 时三种不同可选性的煤炭的分选试验结果做了对比分析。图 2-21 为煤炭可选性对分选精度的影响，图 2-22 为煤炭可选性对分选密度的影响。由图 2-21 和图 2-22 可知，相同操作参数下，煤炭越难选，分选效果越差，分选密度越大。

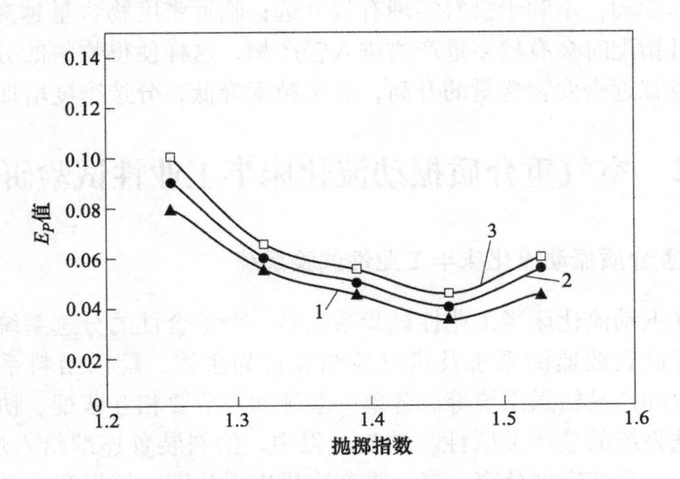

图 2-21 煤炭可选性对 E_P 值的影响

1—易选煤；2—中等可选煤；3—较难选煤

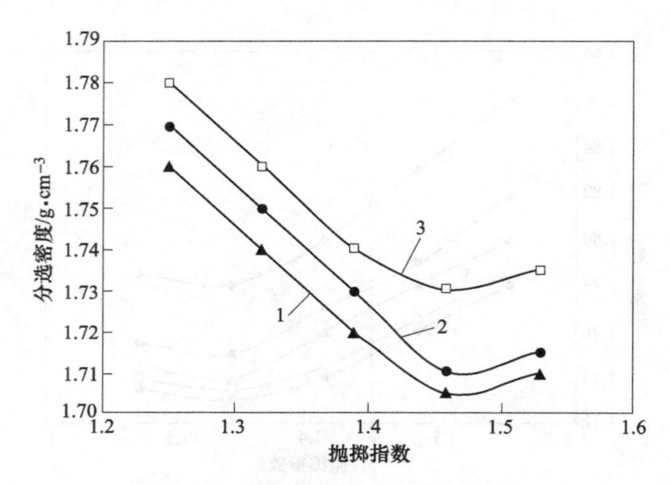

图 2-22 煤炭可选性对分选密度的影响
1—易选煤；2—中等可选煤；3—较难选煤

从图 2-21 和图 2-22 可以看出，易选煤、中等可选煤、较难选煤的分选精度和分选密度随风量和抛掷指数变化的规律很相近，这说明煤炭可选性对分选精度及分选密度随操作参数变化的规律没有明显影响；但较难选煤的分选精度最低，分选密度最高，而易选煤的分选精度最高，分选密度最低，这是因为可选性不同，物料在床层中的分布状态不同，邻近密度物含量高时，物料入选后会形成相对较厚的临近密度物堆积层，分选过程中，邻近密度物游离于床层中部，对物料的按密度分离起阻碍作用，同时对气流在床层中的均匀分布形成干扰，给床层带来较大的负面影响，不利于物料实现有效分选；临近密度物含量越高，越容易发生错配，而且错配时会有较多重产物进入轻产物，这样使得物料的分选密度的增大；因此随着临近密度物含量的升高，分选精度降低，分选密度增加。

2.2 空气重介质振动流化床半工业性试验研究

2.2.1 空气重介质振动流化床半工业性试验系统

空气重介振动流化床半工业性试验系统是一个综合性的分选系统，它以分选机，密度、床高在线监测系统及机电控制装置为主体，配以给料系统、供风系统、介质回收和产品输送系统等。各单一系统和环节要相互匹配、协调统一，以确保整个分选系统的整体关联性。试验过程中，给料装置连续给入煤炭和介质，煤炭进入流化床后按密度分离，轻、重产物排出后分别经精煤脱介筛和矸石脱介筛脱介，最终获得精煤和矸石。系统的结构示意图和实物图分别如图 2-23 和图 2-24 所示。

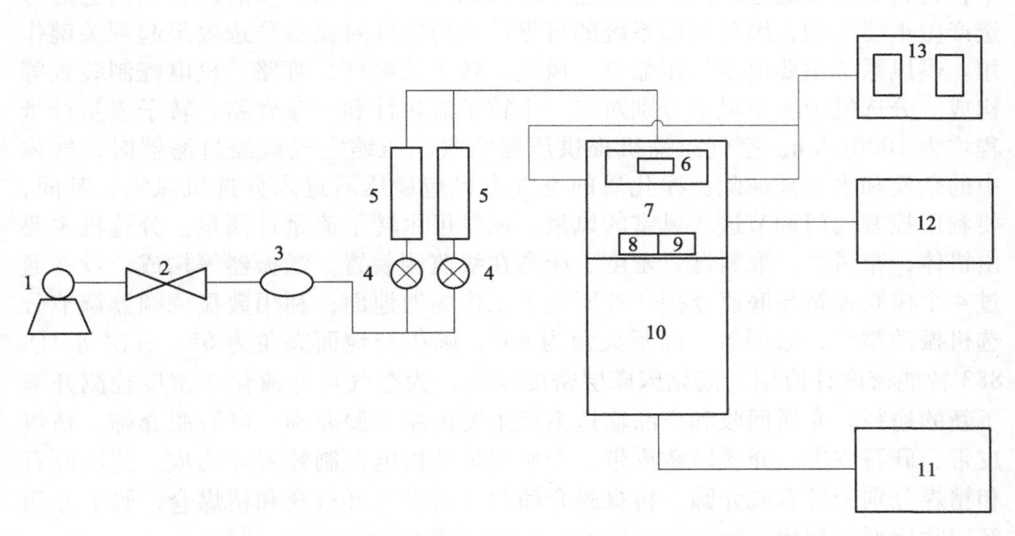

图 2-23 空气重介质振动流化床半工业性试验系统结构示意图

1—罗茨鼓风机；2—控制阀门；3—风包；4—调速阀门；5—转子流量计；6—给料装置；
7—空气重介分选段；8—密度检测装置；9—床高监测装置；10—振动排料段；
11—矸石脱介筛；12—精煤脱介筛；13—机电控制箱

图 2-24 空气重介质振动流化床半工业性试验系统实物图

给料系统主要由煤炭给料仓、介质给料仓和料仓闸门构成。系统运作过程中，物料和介质通过闸门调控由仓中进入床体。物料和介质的入料比例会对分选产生重要影响，因此给料系统的可靠性及稳定性对设备分选效果起到关键作用。供风系统主要由空气压缩机、风包、转子流量计、管路、机电控制装置等构成。分选机中各个风室分别对应一个转子流量计和一条管路，转子流量计量程均为1000m^3/h。空气压缩机提供压缩空气。压缩空气流经过滤器时，气体中的杂质和水分被滤除。净化后的空气由风包稳压后进入分选机风室；其间，要利用控制阀门调节进入风室的风量，风量可由转子流量计测量。分选机主要由机体，布风器，取料器，密度、床高在线监测装置，激振器等构成。设备通过4个橡胶弹簧与底座连接，并固定于工作场地地面；利用数显调频器调节分选机振动频率；激振器与筛板夹角为45°，筛板与地面夹角为6°。首次将TQ-883智能密度计应用于流化床床层密度检测，为空气重介流化床密度检测开辟了新的途径。介质回收和产品输送系统主要由精煤脱介筛、矸石脱介筛、精煤皮带、矸石皮带、介质转载皮带、介质皮带及机电控制装置等构成。选后矸石和精煤分别经矸石脱介筛、精煤脱介筛脱介后进入矸石仓和精煤仓，筛下介质经回收后循环利用。

2.2.2 试验煤样及可选性

试验所用煤样为不黏煤和2号褐煤，粒度80~6mm，浮沉试验结果分别见表2-5和表2-6，可选性曲线分别如图2-25和图2-26所示；选用的磁铁矿粉主导粒级为0.300~0.074mm，真密度为4166kg/m^3。

表2-5 不黏煤浮沉试验结果

密度级/g·cm^{-3}	本级产率/%	灰分/%	浮物累计		沉物累计		分选密度(±0.1)含量	
			产率/%	灰分/%	产率/%	灰分/%	密度/g·cm^{-3}	产率/%
<1.30	16.46	8.32	16.46	8.32	100.00	38.42	1.30	41.33
1.30~1.40	18.63	15.75	35.09	12.26	83.54	44.35	1.40	42.21
1.40~1.50	17.21	21.56	52.30	15.32	64.91	52.56	1.50	22.21
1.50~1.60	1.65	33.11	53.95	15.87	47.70	63.75	1.60	5.75
1.60~1.70	3.23	38.97	57.18	17.17	46.05	64.84	1.70	18.41
1.70~1.80	12.40	47.74	69.58	22.62	42.82	66.79	1.80	23.63
1.80~2.0	15.33	69.18	84.91	31.03	30.42	74.56	1.90	18.05
>2.0	15.09	80.03	100.00	38.42	15.09	80.03		
合计	100.00	38.42						

表 2-6 2 号褐煤浮沉试验结果

密度级 /g·cm⁻³	本级产率 /%	灰分 /%	浮物累计		沉物累计		分选密度(±0.1)含量	
			产率 /%	灰分 /%	产率 /%	灰分 /%	密度 /g·cm⁻³	产率 /%
<1.30	7.80	8.86	7.80	8.86	100.00	42.66	1.30	23.88
1.30~1.40	9.78	11.93	17.58	10.57	92.20	45.52	1.40	26.04
1.40~1.50	9.39	17.77	26.97	13.08	82.42	49.51	1.50	19.94
1.50~1.60	5.29	24.32	32.26	14.92	73.03	53.59	1.60	34.89
1.60~1.70	20.40	30.13	52.66	20.81	67.74	55.88	1.70	34.29
1.70~1.80	4.85	40.24	57.51	22.45	47.34	66.97	1.80	17.53
1.80~2.0	16.12	63.69	73.63	31.48	42.49	70.02	1.90	21.89
>2.0	26.37	73.89	100.00	42.66	26.37	73.89		
合计	100.00	42.66						

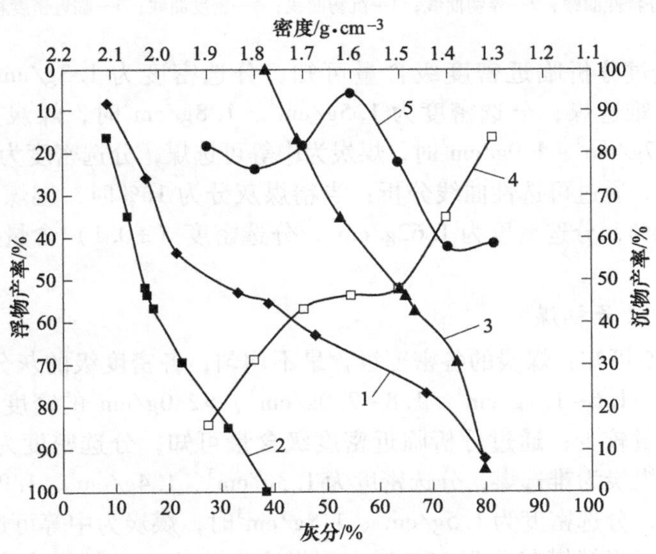

图 2-25 不黏煤可选性曲线

1—灰分特性曲线；2—浮物曲线；3—沉物曲线；4—密度曲线；5—临近密度物曲线

2.2.2.1 不黏煤

通过浮沉试验结果可知：煤炭的各密度级含量不均匀，各密度级的灰分随密度的增大而逐渐增大。其中，<1.3g/cm³、1.3~1.4g/cm³、1.4~1.5g/cm³、1.7~1.8g/cm³、1.8~2.0g/cm³、>2.0g/cm³的密度级含量较大，其余密度级

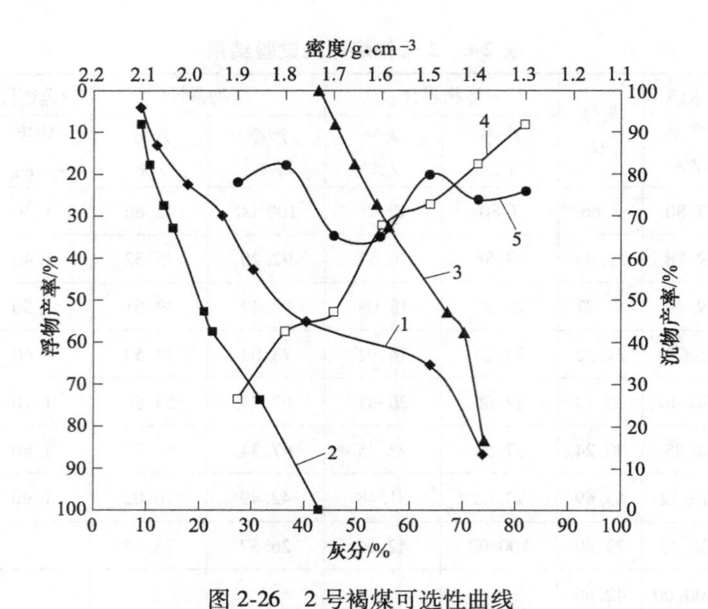

图 2-26 2 号褐煤可选性曲线

1—灰分特性曲线；2—浮物曲线；3—沉物曲线；4—密度曲线；5—临近密度物曲线

含量较少。通过分析临近密度级含量可知，分选密度为 1.3g/cm^3、1.4g/cm^{3}时，煤炭为极难选煤，分选密度为 1.5g/cm^3、1.8g/cm^{3}时，煤炭为较难选煤，分选密度为 1.7g/cm^3、1.9g/cm^{3}时，煤炭为中等可选煤，分选密度为 1.6g/cm^{3}时，煤炭为易选煤。通过可选性曲线分析：当精煤灰分为 16%时，尾煤产率为 46%，精煤产率为 54%，分选密度为 1.62g/cm^3，分选密度（±0.1）含量为 7%，煤炭为易选煤。

2.2.2.2 2 号褐煤

通过表 2-6 可知：煤炭的各密度级含量不均匀，各密度级的灰分随密度的增大而逐渐增大。1.6~1.7g/cm^3、1.8~2.0g/cm^3、>2.0g/cm^{3}的密度级含量较大，其余密度级含量较少；通过分析临近密度级含量可知，分选密度为 1.6g/cm^{3}和 1.7g/cm^{3}时，煤炭为难选煤，分选密度为 1.3g/cm^3、1.4g/cm^3、1.9g/cm^{3}时，煤炭为较难选煤，分选密度为 1.5g/cm^3、1.8g/cm^{3}时，煤炭为中等可选煤。通过可选性曲线分析：当精煤灰分为 16%时，尾煤产率为 64%，精煤产率为 36%，分选密度为 1.62g/cm^3，分选密度（±0.1）含量为 36%，煤炭为难选煤。

2.2.3 工艺系统可靠性分析

2.2.3.1 分选机可靠性研究

分选机主要由机体，布风器，取料器，控制装置，密度、床高在线监测装置和激振器等构成。设备通过 4 个橡胶弹簧与底座连接，并固定于工作场地地面；

利用数显调频器调节分选机振动频率；激振器与筛板夹角为45°，筛板与地面夹角为6°，设备运行期间暴露出一些问题。针对存在的问题，对设备结构进行了优化设计。

A 布风结构优化设计

布风结构及布置方式决定了介质能否流化及流化状态的好坏，合理的布风结构是试验顺利进行的基础和保障。试验初始阶段，采用了两种布风结构，一种是风室与滤布直接相连，滤布上安置单层条缝筛；另一种是两层薄筛网挤压滤布。试验过程中，两种结构都出现了滤布活动范围大、风室与筛板间密封性差、漏风及串风现象严重等问题，致使介质不能正常流化。优化设计中，采用了两层6mm厚的多空筛板挤压3层滤布的布风结构，并强化了筛板与风室的密封性，实现了较好的流化效果。

B 刮板式交叉排料结构设计

该设备利用反倾角振动排出重产物，轻产物则通过刮板横向排出，从而实现轻、重产物交错运行，提高了设备的生产效率和单位面积处理量。设备一、二室交界处安装一竖直挡板，在适当的风量和抛掷指数下，通过调整挡板下沿高度、刮板运行速度和伸入床层的长度，来调整分选机的分选精度。刮板交叉排料式分选机处理量小、精煤带介质量大、分选时间短、分选空间小，刮板运行时容易干扰物料在床层中的分离，但该设备精煤排出快、设备负荷小，并且在各项参数及指标稳定情况下，可对入选煤炭取得较理想的分选效果。

C 双层筛式同向排料结构设计

为弥补刮板式交叉排料结构的不足，增强设备对工业化生产的适应性，对轻产物排料方式进行了调整，将刮板交叉排料结构改为双层筛同向排料结构，并在分选区内安装拨轮，以促进物料的排出。双层筛同向排料式分选机处理量大、分选时间及空间充足、精煤带介量少、物料所处床层较为稳定，但也暴露出设备负荷大、排料不畅、轻产物走料缓慢等不足。

2.2.3.2 密度和床高在线监测系统可靠性研究

A TQ-883智能密度计的应用及其可靠性

对流化床密度的检测，业内普遍认同的是采用微压差传感器及其配套系统。但由于安装问题，微压差传感器难以同新型干法分选机协调、稳定的配合。经研究论证，首次将TQ-883智能密度计应用于流化床床层密度检测，为空气重介质流化床密度检测开辟了新的途径。TQ-883型流体在线密度变送器是一种连续在线测量流体密度的设备，它是在归纳总结各种液体在线密度测量方法的基础上研制成功的，可直接应用于工业生产。这种变送器装有一个电容式差压传感器及一对感压膜片；在两个感压膜片之间，安有温度传感器，以补偿过程液体的温度变化；同时，还安装了专用软件，用来计算测量介质密度。TQ-883 为两线制变送器，主要用于工业过程自动化控制。该密度计运行或应用过程中，可根据流体浓度与密度变化产生相应的 4~20mA 模拟量信号，这种信号经过转换，会输出相应的数字信号，便于远程校准与监控。试验期间，TQ-883 智能密度计性能稳定，能准确反映床层真实密度。TQ-883 智能密度计检测的床层密度与电流之间的关系如图 2-27 所示。

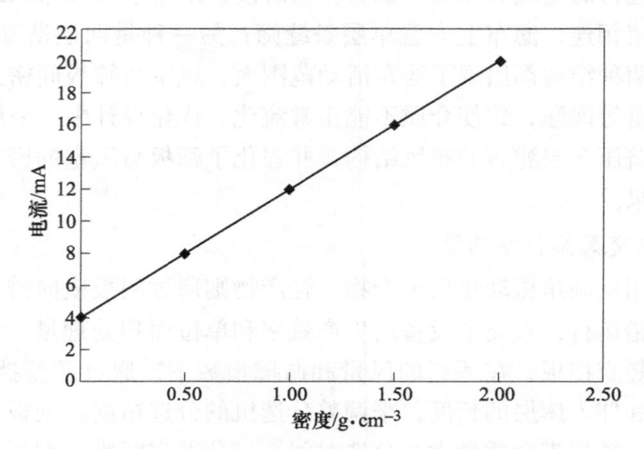

图 2-27 TQ-883 检测的床层密度与电流之间的关系

B 床高在线监测系统的可靠性

床高在线监测系统由位移传感器、浮标、机控装置等构成。浮标上端与位移传感器相连，下端置于床层中。设备运行期间，浮标因密度小于床层密度而浮于床层表面，因此，浮标高度变化同床层高度变化一致。浮标上端的位移传感器可将床层的高度变化转换为电信号，并以电流形式在电流表上显示出来。电流与流化床床高之间的关系如图 2-28 所示。

2.2.3.3 给料系统可靠性研究

流化床床层由物料和介质共同组成，调整床高时不但要考虑介质的给入量，还需考虑煤炭的给入量；物料和介质的入料比例也会对分选产生重要影响，因此给料系统的可靠性及稳定性对设备分选效果的好坏起到关键作用。给料系统主要由煤炭给料仓、介质给料仓和料仓闸门构成。运行过程中，物料和介质通过闸门调控由仓中进入床体。料仓闸门为手工推拉式，难以准确控制入料量及煤炭和介质的入料比例，给分选带来了一定的不稳定性，致使给料系统可靠性相对较差。

2.2.3.4 供风系统可靠性研究

供风系统主要由空气压缩机、风包、转子流量计、管路、机电控制装置等构成。分选机中的各个风室分别对应一个转子流量计和一条管路，每个转子流量计

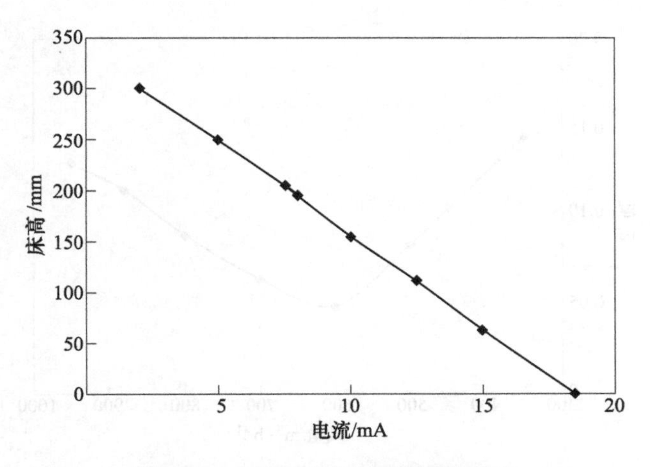

图 2-28 电流同流化床床高间的关系

量程为 1000m³/h。空气压缩机提供压缩空气。压缩空气经过过滤器时，气体中的杂质和水分被滤除。净化后的空气由风包稳压后进入分选机风室；其间，要利用控制阀门调节进入风室的风量及风压，风量可由转子流量计测量。设备运行期间，须做好风管与风室软连接处的密封工作，以保证气流平稳进入风室。试验阶段，鼓风机性能稳定、可靠。

2.2.3.5 介质回收和产品输送系统可靠性研究

介质回收和产品输送系统主要由精煤脱介筛、矸石脱介筛、精煤皮带、矸石皮带、介质转载皮带、介质皮带及机电控制装置等构成。选后产品分别经矸石、精煤脱介筛脱介后进入矸石仓和精煤仓，筛下介质经回收后循环利用。这部分系统设置相对简单，只要基本注意事项到位，即可正常运作。

2.2.4 刮板交叉排料式干法分选机试验研究

采用的入选物料为不黏煤和 2 号褐煤，可选性分别为易选和难选，煤炭浮沉资料见表 2-5 和表 2-6，可选性曲线如图 2-25 和图 2-26 所示。分选机在抛掷指数为 1.14~1.78 的范围内操作。

2.2.4.1 风量对分选效果的影响

图 2-29 为不黏煤入选时风量对 E_P值的影响，由图 2-29 可知分选室风量 Q 在 350~600m³/h 时，随着 Q 的增大，E_P值呈减小趋势，分选效果变好。当 Q 达到 600m³/h，E_P值最小，为 0.05g/cm³，此时分选精度最高。Q 进一步增大，分选效果则会恶化。试验表明，将分选室风量 Q 控制在 450~900m³/h，煤炭可得到有效分选。

Q 较小时，床层膨胀不够充分，范德华力作用明显，加重质粒子黏附性较

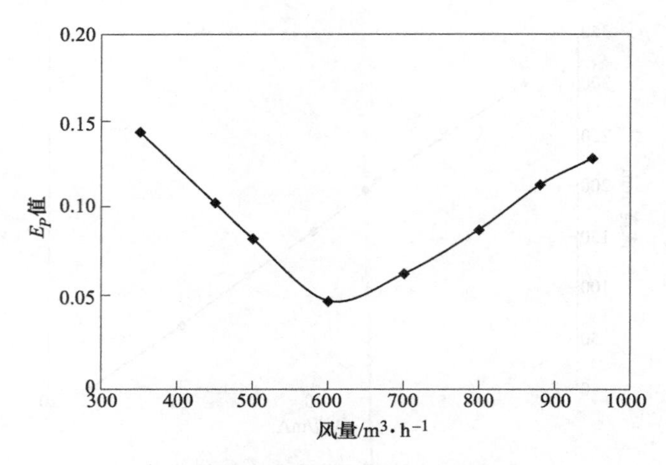

图 2-29 不同风量下的 E_P值

强、活性较弱，流化床的流动性及流化效果较差。物料进入流化床后，由于受到严重的黏性错配效应影响，会被阻隔在某一区间难以大范围运动，并导致床层的均匀、稳定性变差，造成床层局部的运动错配效应增大，使得物料在这种极其复杂的受力环境下无法得到有效分选。随着 Q 增大，加重质粒子活性变大，在床层中分散较为充分、混合较为均匀，黏性错配效应减小，床层流动性增强，流化及分选效果变好。当风量为 600m³/h 时，黏性和运动错配效应均可得到有效控制。这时，床层均匀鼓泡并充分膨胀，形成密度均匀、稳定的流化床，分选精度达到最高。Q 进一步增大，床层内气泡增多、变大，易于合并。此时，床层的黏性错配效应较低，但由于加重质随气泡尾迹上升及在乳化相中的向下运动所造成的宏观返混加重，使得运动错配效应增强，床层不稳定，表面不断喷射，严重干扰物料按密度分层。

2.2.4.2 煤炭粒度对分选效果的影响

风量为 600m³/h，振动参数调至设定值，将不黏煤分为 80～25mm、25～13mm、13～6mm 三个粒级，并分别入选。图 2-30 为入选不同粒度不黏煤的分配曲线，可知粒级为 80～25mm 时，E_P值为 0.045g/cm³；粒级为 25～13mm 时，E_P值为 0.055g/cm³；粒级为 13～6mm 时，E_P值为 0.07g/cm³。试验结果表明，分选机可对粒度范围为 80～6mm 的不黏煤进行有效分选，随着物料粒度增加，分选效果变好。

随着粒度的增大，物料比表面积减小，自身所受重力与曳力之比变大，床层加重质返混引起的介质阻力削弱，煤炭在流化床中所受的床层净浮力起到主导作用。因此，入选物料可以较好地实现按密度分选，粒度越大所需分选时间越短，分选效果越好，但物料过大，床层厚度必须相应增大，以确保它的沉降空间。床

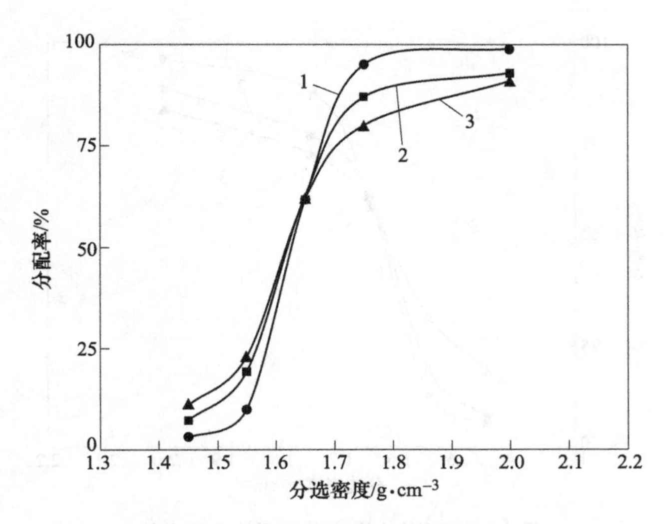

图 2-30 不同粒度不黏煤的分配曲线

1—80~25mm；2—25~13mm；3—13~6mm

层厚度过大又会导致流化质量恶化，试验表明，空气重介质流化床分选粒度上限以 80~50mm 为宜。

2.2.4.3 处理量对分选效果的影响

本节定义单位处理量为单位时间单位面积处理的物料质量，并以单位处理量为标准研究处理量对分选效果的影响。图 2-31 为不同单位处理量下的产品分配曲线。可知当单位处理量为 $6t/(h \cdot m^2)$ 时，E_P值为 $0.05g/cm^3$；单位处理量为 $7t/(h \cdot m)^2$ 时，E_P 值为 $0.075g/cm^3$；单位处理量为 $8t/(h \cdot m)^2$ 时，E_P 值为 $0.145g/cm^3$。由此可见，随着单位处理量的增大，分选效果恶化。试验结果表明，设备对不黏煤的单位最大处理量为 $7t/(h \cdot m^2)$，当单位处理量为 $8t/(h \cdot m^2)$ 时，物料很难得到有效分选。

处理量小时，物料在床层中分散较充分，分选空间大，可获得较好的分选效果。随着处理量增大，持续给入的物料会在床内形成矸石堆积层、临近密度物堆积层、轻产物堆积层，整个床层呈现三层堆积状态。矸石堆积层是因物料中绝大部分重产物落入分选区底部而形成，它会影响布风板布风的均匀性，使气体和加重质颗粒在床中分布不均匀，加剧加重质复杂的涡流运动。临近密度物堆积层则由床层中部临近密度物堆积形成，它造成床内气体运行轨迹杂乱、气固不良接触，并加剧运动错配效应。轻产物漂浮在流化床表面，形成上层堆积，干扰新给入物料的正常沉降，容易导致轻重产物错配。处理量越大，这种分层堆积状态越严重，越不利于分选的进行。处理量过大时，物料会在床层内呈整体堆积状态，根本无法进行分选。

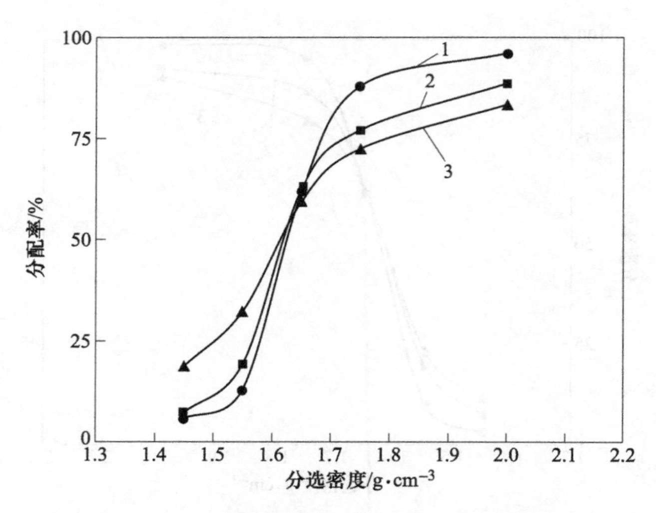

图 2-31　不同单位处理量下的分配曲线

1—6t；2—7t；3—8t

2.2.4.4　煤炭可选性对分选效果的影响

分别采用不黏煤和 2 号褐煤作为入选物料，图 2-32 为相同操作条件下不黏煤和 2 号褐煤的重产物分配曲线。由图 2-32 可知，流化床分选密度约为 1.62g/cm³，分选 2 号褐煤时 E_P 值为 0.07g/cm³，分选不黏煤时 E_P 值为 0.05g/cm³。试验表明新型干法分选设备对不黏煤的分选效果要好于 2 号褐煤。

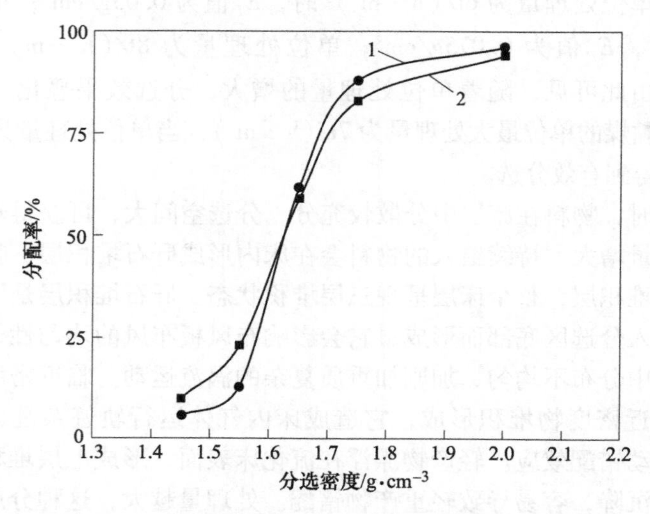

图 2-32　相同操作条件下不黏煤和 2 号褐煤的分配曲线

1—不黏煤；2—2 号褐煤

试验用不黏煤属于易选煤；2 号褐煤属于难选煤。因可选性不同，物料在床层中会呈现不同的三层分布状态。所用 2 号褐煤的邻近密度物含量和矸石含量均较高，入选后会形成相对较厚的矸石堆积层及临近密度物堆积层；不黏煤的临近密度物和矸石堆积层厚度都小于 2 号褐煤，但轻产物堆积层较厚。分选过程中，邻近密度物的存在会阻碍新入选物料的按密度分离，临近密度物堆积层的增厚，会使床层中气泡的运行轨迹杂乱，加剧床层的不稳定性；矸石层的厚度则会影响布风的均匀性及整个床层的流化状态；轻产物堆积层因浮于床层表面且易于排出，它的厚度对床层流化及分选效果的影响远小于另外两个堆积层。可见，临近密度物堆积层和矸石堆积层越厚，给床层带来负面影响越大，分选效果越差。

2.2.4.5 煤炭外在水分含量对分选效果的影响

本节定义外在水分为煤炭在干燥箱内经 50℃ 长时间干燥后脱除的水分质量同煤炭原始质量的百分比。采用不同外水含量不黏煤作为入选物料，图 2-33 为煤炭外水含量分别为 2.03%、2.85%、3.60%、5.53%、6.83%时的分配曲线。由图 2-33 可知，当煤炭外水由 2.03%增至 5.53%时，E_P值由 0.045 变为 0.115；煤炭外水达 6.83%时，E_P值为 0.16；这说明，随煤炭水分的增加，分选机的分选精度降低，当煤炭外水为 6.83%，煤炭已经很难得到有效分选。

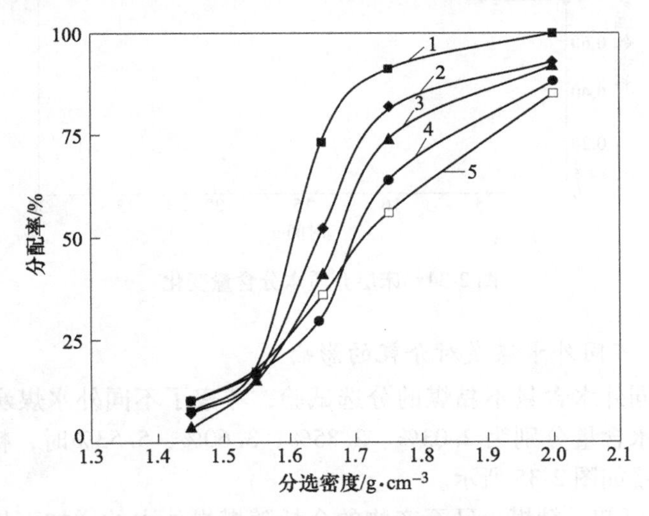

图 2-33 不同外水煤炭的分配曲线

1—2.03%；2—2.85%；3—3.60%；4—5.53%；5—6.83%

这是因为潮湿煤炭进入流化床后，与加重质发生接触、碰撞和摩擦，潮湿的物料表面会黏附一定量的介质，由于介质将物料包裹，物料平均密度增加，致使床层中的物料不能按原有密度进行分层。同时，物料和流化床之间会发生水分传递行为，使得加重质水分含量增加，流化床黏稠且流动性差，从而恶化了流化效果，并影响物料的正常分选。随着介质水分含量的增加，床内气泡也会变大，因而加大了床层的不稳定性及密度的不均匀性，分选效果变差。试验证明，煤炭的外在水分应控制在6%以下。

2.2.4.6　床层内加重质水分含量的变化规律

含一定外水煤炭连续入选且介质循环使用时，床层内加重质水分含量的变化如图2-34所示。由图2-34可知，随着分选时间的增加，介质水分会有小幅提升。物料进入流化床后会与加重质发生接触，介质黏附包裹在物料表面，这时物料和流化床之间会发生水分的传递和转移，使得煤炭表层介质水分含量大幅增加；大部分潮湿介质会黏附于物料表面并随物料排出，但由于物料间及物料跟介质间的不断碰撞和摩擦，有小部分潮湿介质会脱落于床层中；因为物料不断给入，循环介质也未经干燥，分选区内新增潮湿介质量要高于潮湿介质的排出量，这样分选区床层的水分含量会逐渐增加。不过，鼓风作用有利于床内水分挥发，会减缓床层内水分增加的幅度。

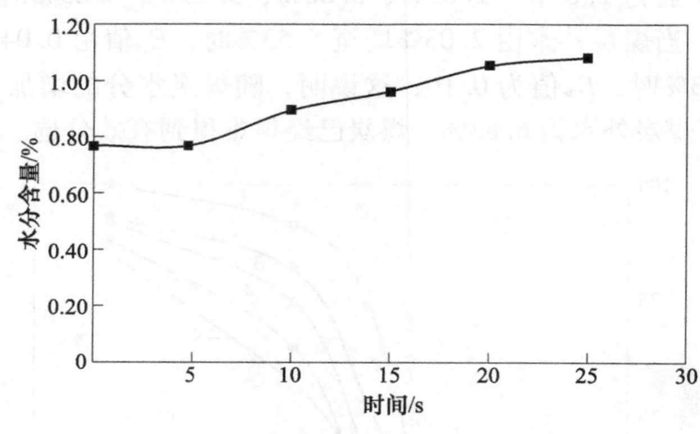

图2-34　床层介质水分含量变化

2.2.4.7　不同外水煤炭对介耗的影响

通过对不同外水含量不黏煤的分选试验，考察了不同外水煤炭对介耗的影响。当煤炭外水含量分别为2.03%、2.85%、3.60%、5.53%时，精煤、矸石产物的黏附介质量如图2-35所示。

由图2-35可知，精煤、矸石产物的介耗随煤炭外水的增加而增加；外水超过3%后，介耗同外水含量几乎呈线性关系。由于精煤和矸石的表面性质不同，精煤的介耗量明显高于矸石。当外水含量为4%时，吨煤介耗约2.7kg；因此，从降低介耗的角度来说，煤炭的外在水分应该控制在4%以下。

2.2.4.8　加重质水分含量对分选效果的影响

结团或水分含量过高的介质，不适合直接作为分选介质，需进行干燥处理。因为加重质水分过高时，气体通过床层的阻力增加且气泡变大，起始流化速度

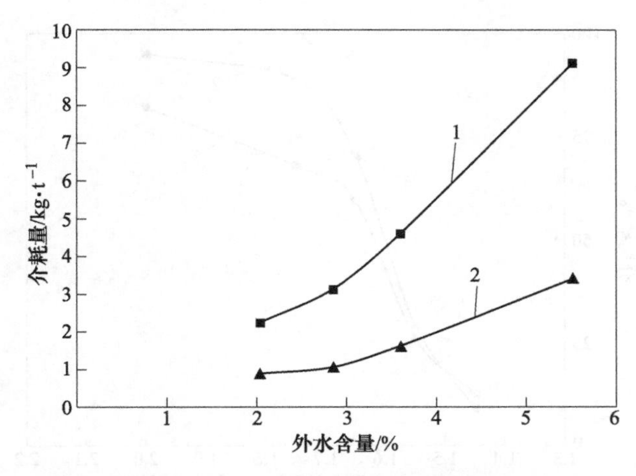

图 2-35 精煤、矸石介耗随煤炭外水含量的变化

1—精煤；2—矸石

U_{mf}增加，这使得空气重介质流化床气固两相流变性变差；床层流化效果会随加重质水分的升高而恶化，并会出现腾涌、“死区”等现象；从流化床层外表观察，介质水分越高，床面越不稳定。根据试验可知，当加重质水分达到 0.5%时，介质几乎不能正常流化。

2.2.5 双层筛同向排料式干法分选机试验研究

2.2.5.1 双层筛筛板间距对分选的影响

采用 2 号褐煤进行分选试验，考察双层筛筛板间距对分选的影响。不同筛板间距下产品的分配曲线如图 2-36 所示。由图 2-36 可知，系统稳定运行时，筛板间距增大后，E_P值由 0.155 减至 0.07，分选效果明显改善。

这是由于筛板间距过小容易使物料在筛板间挤压、堆积，导致重产物排出不畅；随着设备运行时间的增长，物料堆积严重，会对流化效果和分选效果产生恶劣影响；筛板间距增大后，上述问题可迎刃而解。

2.2.5.2 分选区长度对分选效果的影响

试验考察了分选区长度对分选效果的影响。由试验可知，分选区长度分别为 1m、1.2m、2m 时，对应的 E_P值依次为 0.15、0.13、0.07。由此可知，分选效果随着分选区的增长而变好。

2.2.5.3 挡板结构对分选效果的影响

试验采用了三种挡板安装方式：一种是竖直安装单一挡板，通过调整挡板的高度，来调节精煤及矸石的切割点；鉴于单一挡板操作时，灵活性较差，不能把精煤切割点和矸石切割点分开调节，因此采用了第二种挡板安装方式，即分设精

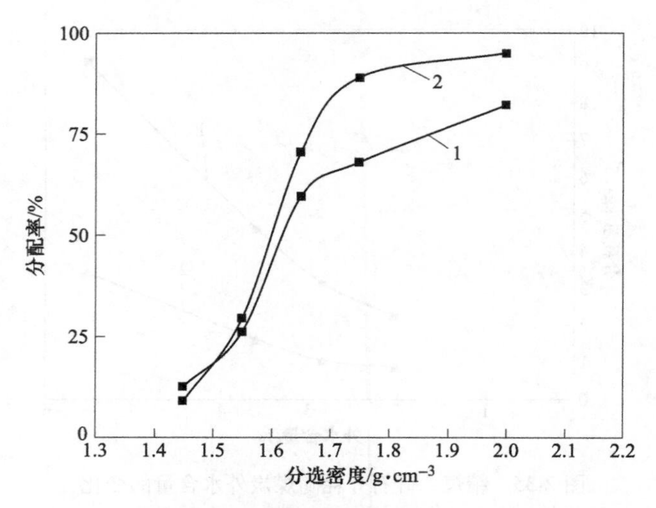

图 2-36 不同筛板间距下产品的分配曲线

1—筛板间距 120mm；2—筛板间距 75mm

煤挡板及矸石挡板，竖直安装；试验还尝试了第三种安装方式，即将精煤挡板和矸石挡板合二为一，倾斜安装，这样有利于减小悬浮于床层中部物料的排出阻力，并适当增加了分选空间。

2.2.5.4 拨轮对分选效果的影响

采用不黏煤进行分选试验，安装拨轮前后产品的分配曲线如图 2-37 所示。由图 2-37 可知，拨轮安装后，E_P值由 0.06 减至 0.045，分选精度有小幅提高。

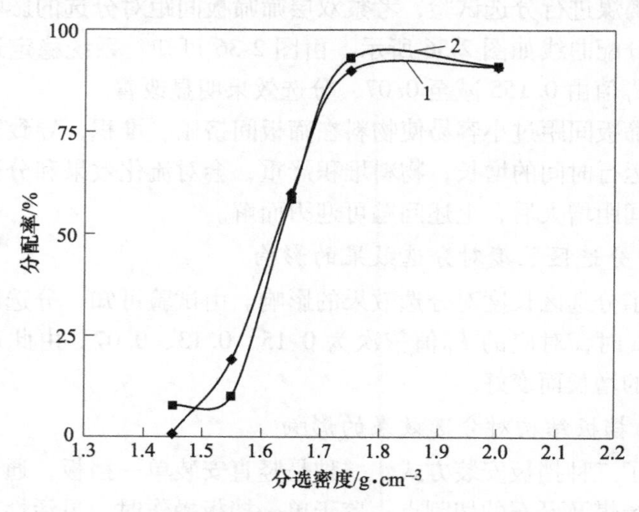

图 2-37 安装拨轮前后产品的分配曲线

1—安装拨轮前；2—安装拨轮后

分选机运行时，振动能量因随床高的增加而逐步减弱，对轻产物的排出无法起到明显促进作用。随着设备的振动，流化床会出现循环往复运动的现象，也不利于轻产物排出。精煤粒群只能在颗粒间推挤作用下排出，导致走料缓慢，并带来处理量小、床层不稳定等诸多负面影响。分选区内安装拨轮可提高精煤在分选区的排出速度。但经长期试验验证，拨轮的安装并不能完全解决精煤走料问题，只能改善拨轮附近区域精煤的走料状态。

2.2.5.5 同刮板交叉排料式干法分选机的对比分析

在系统稳定、有效运行的条件下，对刮板式交叉排料、双层筛式同向排料干法分选机的分选精度进行了对比分析，见表2-7。

表2-7 刮板式与双层筛式分选机E_P值的对比

序号	选煤方式及所选	煤 种	E_P
1	刮板交叉排料	不黏煤	0.08
2	刮板交叉排料	2号褐煤	0.11
3	双层筛同向排料	不黏煤	0.09
4	双层筛同向排料	2号褐煤	0.12

两种排料方式的共同点是对易选煤的分选精度高于难选煤，其中刮板式分选机的分选精度略高于双层筛式分选机。刮板式分选机的优点是轻产物排出速度快、设备负荷小，缺点是处理量小、精煤带介质量大、分选时间短、分选空间小、刮板运行时会干扰物料在床层中的分离；双层筛式分选机的优点是处理量大、介质循环量小、分选空间及分选时间充足、物料所处床层稳定，缺点是轻产物走料缓慢、设备负荷大，这会导致排料不畅，影响分选效果。但双层筛式分选机所存问题，可通过设备结构优化得到改善。

3 火电厂燃煤复合式干法分选技术

3.1 西南部分地区高硫煤实验室分选实验

通过对多种工艺技术进行比选，初步拟定复合风选法对原煤进行脱硫脱灰处理，即复合风选法选用ZM矿物分离系统对西南地区高硫煤进行干法分选。系统包括原煤集成上料系统、矿物分离系统、干湿综合除尘系统、产品输送系统和控制系统等。选择了桐梓电厂、珙县电厂及镇雄电厂作为目标用煤电厂，并选取三个地区有代表性的煤样进行了形态硫分析、筛分实验、浮沉实验及各粒度级、密度级煤样的煤质指标检测，通过所得的实验数据，结合ZM矿物分离机的实际分选效果指标，对三个地区煤样的分选效果进行预测及分析。

3.1.1 桐梓电厂高硫煤实验室分选实验

3.1.1.1 桐梓电厂用煤情况

桐梓公司地处我国西南地区，煤质情况普遍含硫量很高，灰分含量大，且煤矿普遍较小，“小煤保大电”的情况在短时期内不会改变。2014年电煤采购量为280万吨，主要采购区域为桐梓片区，220万吨。另外，在绥阳片区计划采购50万吨电煤，在金沙片区采购10万吨低硫煤。目前的原煤采购及未来的采煤计划中，桐梓地区仙岩、大河、道角、容光、官仓等相对较大的矿及绥阳片区在内的煤矿供量约占总量的70%，这些煤平均硫含量约4.5%。目前入炉煤硫含量控制在4.0%以下，入炉煤热值控制在16~17MJ(3826~4065kcal)。掺烧所使用的低硫煤硫含量在1.2%以下，一般来自金沙，运距约100km，热值在2000~3000kcal；掺烧所用高硫煤一般硫含量不超过6.5%。脱硫塔设计效率值为97.7%。桐梓电厂负荷率为70%左右，二氧化硫排放浓度（标态下）约260mg/m^3。桐梓电厂脱硫所用石灰石进价约40元/吨，石膏销售情况一般，售价约7元/吨。粉煤灰主要为二级灰，售价约40元/吨，销售情况较好。

3.1.1.2 桐梓煤样形态硫分析

对桐梓电厂采用的主力煤矿煤样进行形态硫检测，检测结果见表3-1，由检测结果可以看出，桐梓地区主力煤矿所含硫分均以无机硫为主，因此采用干法分选技术对煤炭进行硫分的脱除可行。

表 3-1 桐梓煤样形态硫分析 (%)

矿点	全硫	硫酸盐硫	硫化铁硫	有机硫	无机硫含量
桐梓仙岩煤矿	4.19	0.04	3.52	0.63	84.96
桐梓仙岩煤矿（>6mm）	7.60	0.02	7.30	0.28	96.32
桐梓仙岩煤矿（<6mm）	3.44	0.06	2.74	0.64	81.40
桐梓大河煤矿	4.14	0.02	3.28	0.84	79.71
桐梓大河煤矿（>6mm）	9.23	0.02	7.99	1.22	86.78
桐梓大河煤矿（<6mm）	3.28	0.02	2.50	0.76	76.83
桐梓道角煤矿	4.56	0.02	3.53	1.01	77.85
桐梓道角煤矿（>6mm）	9.17	0.01	8.79	0.37	95.97
桐梓道角煤矿（<6mm）	2.66	0.01	1.85	0.80	69.92
桐梓容光煤矿	1.44	0.02	1.16	0.26	81.94
桐梓容光煤矿（>6mm）	1.88	0.01	1.75	0.12	93.62
桐梓容光煤矿（<6mm）	1.39	0.02	1.07	0.30	78.42
桐梓渝能官仓	6.60	0.08	4.79	1.73	73.79
桐梓渝能官仓（>6mm）	9.42	0.08	8.00	1.33	85.88
桐梓渝能官仓（<6mm）	5.03	0.09	3.15	1.80	64.21
桐梓坤鼎煤矿	4.84	0.02	4.06	0.76	84.30
桐梓展扬煤矿	7.89	0.10	5.71	2.08	73.64
桐梓松坎煤矿	4.64	0.02	3.92	0.70	84.91
桐梓同鑫煤矿	4.60	0.02	3.91	0.67	85.43
桐梓万顺煤矿	4.71	0.04	4.12	0.55	88.32
桐梓万顺煤矿（>6mm）	7.51	0.04	7.18	0.29	96.14
桐梓万顺煤矿（<6mm）	2.92	0.04	2.16	0.72	75.34
绥阳宏盛煤矿	5.80	0.04	4.60	1.16	80.00
绥阳四垭煤矿	5.02	0.10	4.27	0.66	86.85
绥阳四垭煤矿（>6mm）	8.15	0.10	7.35	0.71	91.29
绥阳四垭煤矿（<6mm）	4.16	0.10	3.24	0.82	80.29

3.1.1.3 煤质实验室分选数据分析

桐梓电厂的入炉硫分低于4.0%时，即可达到SO_2排放标准，依据此标准，针对桐梓电厂部分供煤主力矿的煤样进行了实验室分选实验，并对分选效果进行了预测及分析。

A 桐梓仙岩煤样

根据表3-2可知，桐梓仙岩煤样原煤灰分为22.91%，硫分为4.28%，发热量为25.58MJ/kg，经分析，仙岩原煤中<6mm的细粒级煤炭产率高达69.64%，并且灰分含量较低，硫分为3.44%，低于入炉原煤硫分4.0%的要求；而>6mm的煤炭硫分和灰分均高于原煤，其中，硫分为6.20%，灰分为30.78%，因此该类煤炭适合采用原煤预先筛分，筛上物进行干法分选的工艺。通过实验室数据分析可得，总精煤的硫分随分选密度的增大而增大，矸石热值随分选密度的增大而减小；当分选密度为1.8g/cm^3 时，总精煤硫分为3.35%，小于入炉原煤硫分4.0%的要求，总精煤灰分为18.51%，发热量为27.43MJ/kg（见表3-3和图3-1）；此时，脱硫率为21.79%，脱灰率为19.21%，矸石产率为10.18%，矸石热值为9.21MJ/kg（见表3-4）。可见该煤样理论上取得了较好的分选效果，适合采用干法分选进行炉前脱硫脱灰作业，在分选密度为1.8g/cm^3 时，选出的精煤可直接入炉燃烧。

表3-2 不同粒级桐梓仙岩煤样各参数值

名称	产率/%	硫分/%	灰分/%	热值/MJ·kg^{-1}
原煤	100.00	4.28	22.91	25.58
>6mm	30.36	6.20	30.78	22.38
<6mm	69.64	3.44	19.48	26.97

表3-3 不同分选密度下桐梓仙岩煤样选后精煤指标

分选密度 /g·cm^{-3}	>6mm 精煤产率/%	>6mm 精煤灰分/%	>6mm 精煤全硫/%	总精煤产率/%	总精煤灰分/%	总精煤全硫/%	精煤热值 /MJ·kg^{-1}
1.8	66.47	15.16	3.02	89.82	18.51	3.35	27.43
1.9	70.84	16.54	3.50	91.15	18.79	3.45	27.31
2.0	74.55	18.01	3.91	92.27	19.12	3.56	27.17
2.1	78.29	19.94	4.33	93.41	19.60	3.67	26.97
2.2	83.05	22.58	4.81	94.85	20.30	3.80	26.67

表3-4 不同分选密度下桐梓仙岩煤样选后矸石指标

分选密度 /g·cm^{-3}	矸石灰分 /%	矸石全硫 /%	矸石产率 /%	矸石热值 /MJ·kg^{-1}	矸石热值损失/%	脱灰率 /%	脱硫率 /%
1.8	61.74	12.52	10.18	9.21	3.67	19.21	21.79
1.9	65.38	12.79	8.85	7.68	2.66	18.00	19.25
2.0	68.19	12.92	7.73	6.50	1.96	16.55	16.89
2.1	69.87	12.98	6.59	5.80	1.49	14.46	14.29
2.2	70.97	13.02	5.15	5.34	1.07	11.38	11.07

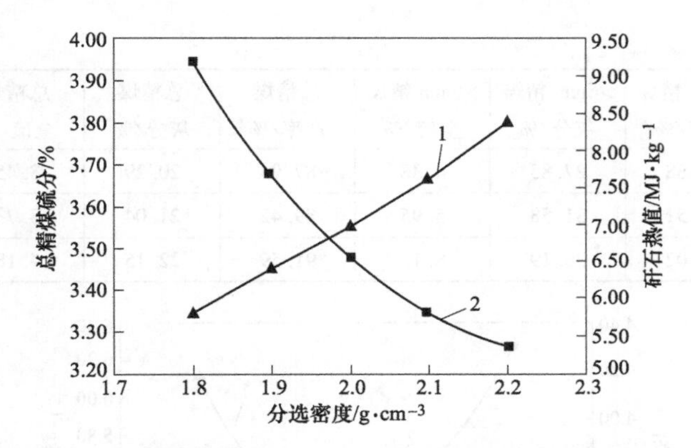

图 3-1 桐梓仙岩精煤硫分、矸石热值同分选密度间的关系

1—总精煤硫分；2—矸石热值

B 桐梓大河煤样

根据表 3-5 可知，桐梓大河煤样原煤灰分为 26.10%，硫分为 5.91%，发热量为 24.26MJ/kg，经分析，大河原煤中<6mm 的细粒级煤炭产率高达 74.51%，并且灰分含量较低，硫分为 3.28%，低于入炉原煤硫分 4.0%的要求；而>6mm 的煤炭硫分和灰分均较高，其中，硫分为 13.58%，灰分为 47.07%，因此该类煤炭适合采用原煤预先筛分，筛上物进行干法分选的工艺。通过实验室数据分析可得，总精煤的硫分随分选密度的增大而增大，矸石热值随分选密度的增大而减小；当分选密度达到 1.8g/cm^3 时，总精煤硫分为 3.25%，小于入炉原煤硫分 4.0%的要求，总精煤灰分为 19.37%，发热量为 27.91MJ/kg（见表 3-6 和图 3-2）；此时，脱硫率为 44.99%，脱灰率为 25.79%，矸石产率为 14.28%，矸石热值为 6.28MJ/kg（见表 3-7）。可见该煤样理论上取得了较好的分选效果，适合采用干法分选进行炉前脱硫脱灰作业，在分选密度为 1.8g/cm^3 时，选出的精煤可直接入炉燃烧。

表 3-5 不同粒级桐梓大河煤样各参数值

名称	产率/%	硫分/%	灰分/%	热值/MJ · kg^{-1}
原煤	100.00	5.91	26.10	24.26
>6mm	25.49	13.58	47.07	14.99
<6mm	74.51	3.28	18.93	27.43

表 3-6 不同分选密度下桐梓大河煤样选后精煤指标

分选密度 /g · cm^{-3}	>6mm 精煤产率/%	>6mm 精煤灰分/%	>6mm 精煤全硫/%	总精煤产率/%	总精煤灰分/%	总精煤全硫/%	精煤热值 /MJ · kg^{-1}
1.8	43.95	22.30	3.04	85.72	19.37	3.25	27.91
1.9	48.27	24.99	3.54	86.82	19.79	3.32	27.76

续表 3-6

分选密度 /g·cm^{-3}	>6mm 精煤产率/%	>6mm 精煤灰分/%	>6mm 精煤全硫/%	总精煤产率/%	总精煤灰分/%	总精煤全硫/%	精煤热值 /MJ·kg^{-1}
2.0	52.68	27.85	4.38	87.94	20.29	3.45	27.56
2.1	58.51	31.58	5.95	89.42	21.04	3.73	27.24
2.2	67.02	36.19	8.13	91.59	22.15	4.18	26.75

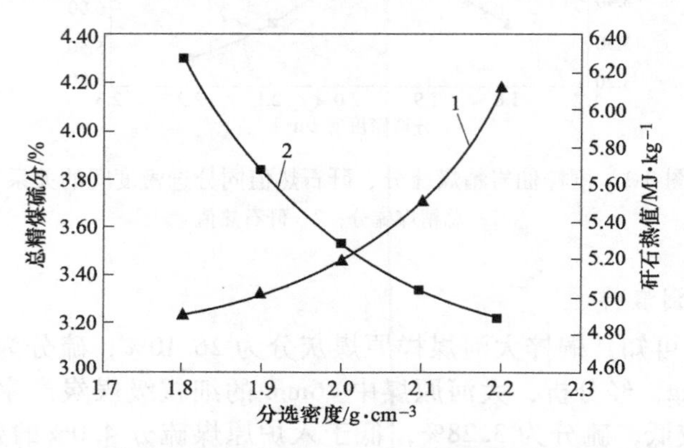

图 3-2 桐梓大河精煤硫分、矸石热值同分选密度间的关系

1—总精煤硫分；2—矸石热值

表 3-7 不同分选密度下桐梓大河煤样选后矸石指标

分选密度 /g·cm^{-3}	矸石灰分 /%	矸石全硫 /%	矸石产率 /%	矸石热值 /MJ·kg^{-1}	矸石热值损失/%	脱灰率 /%	脱硫率 /%
1.8	66.50	21.85	14.28	6.28	3.70	25.79	44.99
1.9	67.67	22.96	13.18	5.68	3.09	24.19	43.85
2.0	68.48	23.84	12.06	5.26	2.62	22.26	41.63
2.1	68.92	24.34	10.58	5.03	2.19	19.4	36.92
2.2	69.19	24.67	8.41	4.88	1.69	15.15	29.15

C 桐梓道角煤样

根据表 3-8 可知，桐梓道角煤样原煤灰分为 26.87%，硫分为 4.56%，发热量为 24.49MJ/kg，经分析，道角原煤中<6mm 的细粒级煤炭产率高达 69.78%，

表 3-8 不同粒级桐梓道角煤样各参数值

名称	产率/%	硫分/%	灰分/%	热值/MJ·kg^{-1}
原煤	100.00	4.56	26.87	24.49
>6mm	30.22	9.17	60.85	10.36
<6mm	69.78	2.66	19.38	27.62

并且硫分及灰分含量较低；而>6mm 的煤炭硫分和灰分相对较高，其中，硫分为9.17%，灰分为30.22%，因此该类煤炭适合采用原煤预先筛分，筛上物进行干法分选的工艺。通过实验室数据分析可得，总精煤的硫分随分选密度的增大而增大，矸石热值随分选密度的增大而减小；当分选密度达到1.8g/cm^{3}时，总精煤硫分为2.65%，远小于入炉原煤硫分4.0%的要求，总精煤灰分为19.02%，发热量为27.76MJ/kg（见表3-9和图3-3）；此时，脱硫率高达50.25%，脱灰率为35.54%，矸石产率为18.54%，矸石热值为4.04MJ/kg（见表3-10）。可见该煤样理论上取得了较好的分选效果，适合采用干法分选进行炉前脱硫脱灰作业，在分选密度为1.8g/cm^{3}时，选出的精煤可作为低硫煤同高硫煤进行掺配。

表3-9 不同分选密度下桐梓道角煤样选后精煤指标

分选密度 /g·cm^{-3}	>6mm 精煤产率/%	>6mm 精煤灰分/%	>6mm 精煤全硫/%	总精煤产率 /%	总精煤灰分 /%	总精煤全硫 /%	精煤热值 /MJ·kg^{-1}
1.8	38.63	16.90	2.58	81.46	19.02	2.65	27.76
1.9	40.65	18.84	3.07	82.07	19.30	2.72	27.64
2.0	43.70	22.29	3.95	82.99	19.84	2.86	27.41
2.1	49.60	28.53	5.50	84.77	21.00	3.16	26.93
2.2	59.41	36.43	7.44	87.74	22.87	3.64	26.15

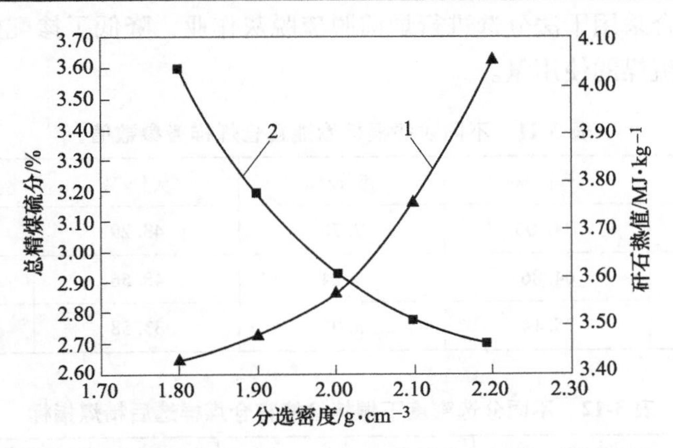

图3-3 桐梓道角精煤硫分、矸石热值同分选密度间的关系

1—总精煤硫分；2—矸石热值

表3-10 不同分选密度下桐梓道角煤样选后矸石指标

分选密度 /g·cm^{-3}	矸石灰分 /%	矸石全硫 /%	矸石产率 /%	矸石热值 /MJ·kg^{-1}	矸石热值损失/%	脱灰率 /%	脱硫率 /%
1.8	75.59	17.08	18.54	4.04	3.21	35.54	50.25
1.9	76.25	17.23	17.93	3.77	2.90	34.61	48.88

续表 3-10

分选密度 /g·cm^{-3}	矸石灰分 /%	矸石全硫 /%	矸石产率 /%	矸石热值 /MJ·kg^{-1}	矸石热值损失/%	脱灰率 /%	脱硫率 /%
2.0	76.69	17.32	17.01	3.60	2.62	32.77	46.19
2.1	76.92	17.36	15.23	3.51	2.29	28.85	40.62
2.2	77.06	17.39	12.26	3.46	1.82	22.52	31.67

D　桐梓渝能官仓煤样

根据表 3-11 可知，桐梓渝能官仓煤样原煤灰分为 43.29%，硫分为 7.76%，发热量为 17.22MJ/kg，经分析，渝能官仓原煤中<6mm 的细粒级煤炭产率为 35.14%，并且硫分和灰分含量均低于原煤；而>6mm 的煤炭硫分和灰分均高于原煤，其中，硫分为 9.24%，灰分为 48.56%，因此该类煤炭适合采用原煤预先筛分，筛上物进行干法分选的工艺。通过实验室数据分析可得，总精煤的硫分随分选密度的增大而增大，矸石热值随分选密度的增大而减小；当分选密度为 1.8g/cm^3 时，总精煤硫分为 4.80%，总精煤灰分为 27.01%，发热量为 17.30MJ/kg（见表 3-12 和图 3-4）；此时，脱硫率为 38.13%，脱灰率为 37.62%，矸石产率为 34.74%，矸石热值为 4.52MJ/kg（见表 3-13）。可见该煤样理论上取得了一定的分选效果，适合采用干法分选进行炉前脱硫脱灰作业，降低了掺配用高硫煤的硫分，增加了高硫煤的使用量。

表 3-11　不同粒级桐梓渝能官仓煤样各参数值

名称	产率/%	硫分/%	灰分/%	热值/MJ·kg^{-1}
原煤	100.00	7.76	43.29	17.22
>6mm	64.86	9.24	48.56	15.06
<6mm	35.14	5.03	33.58	21.22

表 3-12　不同分选密度下桐梓渝能官仓煤样选后精煤指标

分选密度 /g·cm^{-3}	>6mm 精煤产率/%	>6mm 精煤灰分/%	>6mm 精煤全硫/%	总精煤产率/%	总精煤灰分/%	总精煤全硫/%	精煤热值 /MJ·kg^{-1}
1.8	46.44	19.34	4.54	65.26	27.01	4.80	17.30
1.9	49.82	21.28	4.77	67.45	27.69	4.91	16.97
2.0	53.16	23.82	5.15	69.62	28.74	5.09	16.58
2.1	58.37	28.19	5.86	73.00	30.78	5.46	15.92
2.2	66.62	34.10	6.83	78.35	33.87	6.02	14.95

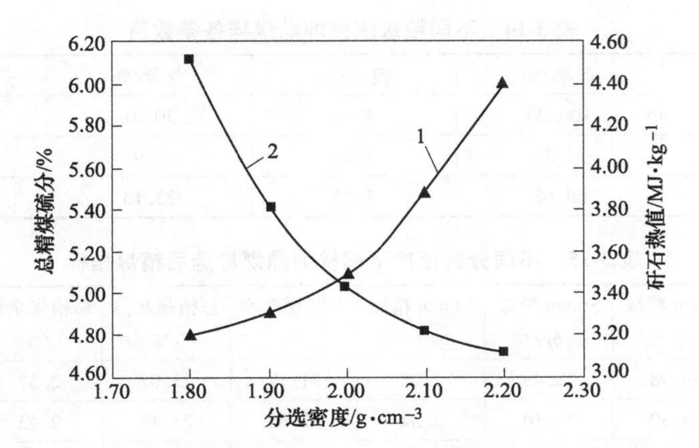

图 3-4 桐梓渝能官仓精煤硫分、矸石热值同分选密度间的关系

1—总精煤硫分；2—矸石热值

表 3-13 不同分选密度下桐梓渝能官仓煤样选后矸石指标

分选密度 /g·cm^{-3}	矸石灰分 /%	矸石全硫 /%	矸石产率 /%	矸石热值 /MJ·kg^{-1}	矸石热值损失/%	脱灰率 /%	脱硫率 /%
1.8	73.89	13.32	34.74	4.52	9.12	37.62	38.13
1.9	75.64	13.68	32.55	3.82	7.21	36.05	36.79
2.0	76.63	13.89	30.38	3.42	6.03	33.61	34.45
2.1	77.12	13.99	27.00	3.22	5.05	28.90	29.69
2.2	77.40	14.05	21.65	3.11	3.91	21.77	22.40

E 桐梓坤鼎煤样

根据表 3-14，桐梓坤鼎煤样原煤灰分为 30.91%，硫分为 3.95%，发热量为 21.42MJ/kg，经分析，坤鼎原煤中<6mm 的细粒级煤炭产率高达 68.62%，并且硫分和灰分含量较低；而>6mm 的煤炭硫分和灰分均较高，其中，硫分为 7.22%，灰分为 47.93%，因此该类煤炭适合采用原煤预先筛分，筛上物进行干法分选的工艺。通过实验室数据分析可得，总精煤的硫分随分选密度的增大而增大，矸石热值随分选密度的增大而减小；当分选密度为 1.80g/cm^3 时，总精煤硫分为 2.37%，远小于入炉原煤硫分 4.0%的要求，总精煤灰分为 23.02%，发热量为 24.49MJ/kg（见表 3-15 和图 3-5）；此时，脱硫率为 39.84%，脱灰率为 25.52%，矸石产率为 18.83%，矸石热值为 7.68MJ/kg（见表 3-16）。可见该煤样理论上取得了较好的分选效果，适合采用干法分选进行炉前脱硫脱灰作业，在分选密度为 1.8g/cm^3 时，选出的精煤可作为低硫煤同高硫煤进行掺配。

表 3-14　不同粒级桐梓坤鼎煤样各参数值

名称	产率/%	硫分/%	灰分/%	热值/MJ · kg^{-1}
原煤	100.00	3.95	30.91	21.42
>6mm	31.38	7.22	47.93	14.55
<6mm	68.62	2.45	23.13	24.57

表 3-15　不同分选密度下桐梓坤鼎煤样选后精煤指标

分选密度 /g · cm^{-3}	>6mm 精煤产率/%	>6mm 精煤灰分/%	>6mm 精煤全硫/%	总精煤产率 /%	总精煤灰分 /%	总精煤全硫 /%	精煤热值 /MJ · kg^{-1}
1.8	39.98	22.43	1.96	81.17	23.02	2.37	24.49
1.9	45.50	25.10	2.32	82.90	23.47	2.43	24.30
2.0	51.03	28.02	2.82	84.64	24.06	2.52	24.06
2.1	57.55	31.89	3.62	86.68	24.95	2.69	23.69
2.2	66.52	36.65	4.66	89.49	26.28	2.97	23.15

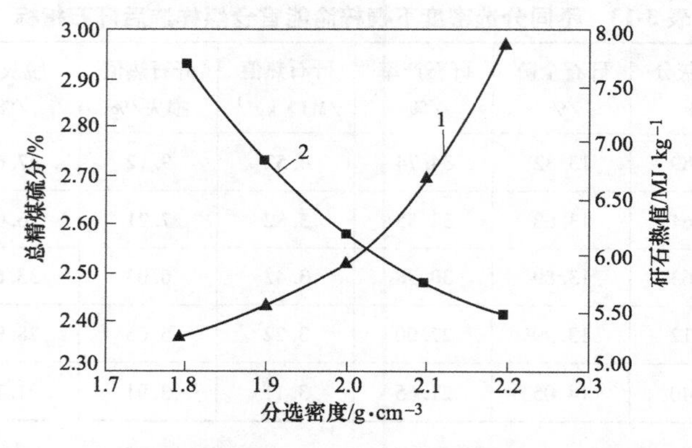

图 3-5　桐梓坤鼎精煤硫分、矸石热值同分选密度间的关系

1—总精煤硫分；2—矸石热值

表 3-16　不同分选密度下桐梓坤鼎煤样选后矸石指标

分选密度 /g · cm^{-3}	矸石灰分 /%	矸石全硫 /%	矸石产率 /%	矸石热值 /MJ · kg^{-1}	矸石热值损失/%	脱灰率 /%	脱硫率 /%
1.8	64.92	10.73	18.83	7.68	6.75	25.52	39.84
1.9	66.99	11.31	17.10	6.84	5.46	24.07	38.48
2.0	68.68	11.81	15.36	6.16	4.42	22.18	36.14
2.1	69.69	12.10	13.32	5.75	3.58	19.27	31.75
2.2	70.35	12.30	10.51	5.49	2.69	14.97	24.83

F　桐梓同鑫煤样

根据表 3-17，桐梓同鑫煤样原煤灰分为 35.86%，硫分为 4.96%，发热量为

19.42MJ/kg，经分析，同鑫原煤中<6mm 的细粒级煤炭产率高达 67.49%，并且硫分和灰分含量较低；而>6mm 的煤炭硫分和灰分均较高，其中，硫分为10.76%，灰分为 59.58%，因此该类煤炭适合采用原煤预先筛分，筛上物进行干法分选的工艺，其中筛孔直径为 6mm，<6mm 的筛下物可直接算作精煤。通过实验室数据分析可得，总精煤的硫分随分选密度的增大而增大，矸石热值随分选密度的增大而减小；当分选密度为 1.8g/cm³ 时，总精煤硫分仅为 2.18%，远小于入炉原煤硫分 4.0%的要求，总精煤灰分为 23.97%，发热量为 24.03MJ/kg（见表 3-18 和图 3-6）；此时，脱硫率高达 56.10%，脱灰率为 33.17%，矸石产率为23.60%，矸石热值为 3.87MJ/kg（见表 3-19）。可见该煤样理论上取得了较好的分选效果，适合采用干法分选进行炉前脱硫脱灰作业，在分选密度为 1.8g/cm³ 时，选出的精煤可作为低硫煤同高硫煤进行掺配。

表 3-17 不同粒级桐梓同鑫煤样各参数值

名称	产率/%	硫分/%	灰分/%	热值/MJ·kg⁻¹
原煤	100.00	4.96	35.86	19.42
>6mm	32.51	10.76	59.58	9.84
<6mm	67.49	2.17	24.43	24.04

表 3-18 不同分选密度下桐梓同鑫煤样选后精煤指标

分选密度 /g·cm⁻³	>6mm 精煤产率/%	>6mm 精煤灰分/%	>6mm 精煤全硫/%	总精煤产率 /%	总精煤灰分 /%	总精煤全硫 /%	精煤热值 /MJ·kg⁻¹
1.8	27.41	20.45	2.25	76.40	23.97	2.18	24.03
1.9	29.26	22.54	2.58	77.00	24.20	2.22	23.93
2.0	32.28	26.82	3.48	77.98	24.75	2.35	23.71
2.1	39.04	34.96	5.27	80.18	26.10	2.66	23.16
2.2	50.73	44.18	7.32	83.98	28.31	3.18	22.27

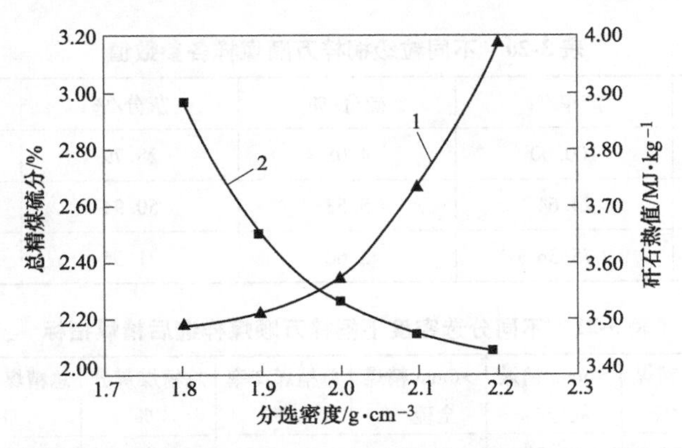

图 3-6 桐梓同鑫精煤硫分、矸石热值同分选密度间的关系
1—总精煤硫分；2—矸石热值

表 3-19　不同分选密度下桐梓同鑫煤样选后矸石指标

分选密度 /g · cm^{-3}	矸石灰分 /%	矸石全硫 /%	矸石产率 /%	矸石热值 /MJ · kg^{-1}	矸石热值损失/%	脱灰率 /%	脱硫率 /%
1.8	74.35	13.98	23.60	3.87	4.70	33.17	56.10
1.9	74.89	14.15	23.00	3.65	4.32	32.52	55.24
2.0	75.19	14.24	22.02	3.53	4.00	30.97	52.73
2.1	75.34	14.28	19.82	3.47	3.54	27.22	46.39
2.2	75.42	14.31	16.02	3.44	2.83	21.05	35.89

G　桐梓万顺煤样

根据表 3-20 可知，桐梓万顺煤样原煤灰分为 28.79%，硫分为 4.08%，发热量为 22.28MJ/kg，经分析，万顺原煤中<6mm 的细粒级煤炭产率高达 75.36%，并且灰分含量较低，硫分为 3.60%，低于入炉原煤硫分 4.0%的要求；而>6mm 的煤炭硫分和灰分相对较高，其中，硫分为 5.53%，灰分为 50.94%，因此该类煤炭适合采用原煤预先筛分，筛上物进行干法分选的工艺。通过实验室数据分析可得，总精煤的硫分随分选密度的增大而增大，矸石热值随分选密度的增大而减小；当分选密度为 1.8g/cm^3 时，总精煤硫分为 3.42%，小于入炉原煤硫分 4.0%的要求，总精煤灰分为 20.90%，发热量为 26.19MJ/kg（见表 3-21 和图 3-7）；此时，脱硫率为 16.15%，脱灰率为 27.41%，矸石产率为 15.06%，矸石热值为 4.29MJ/kg（见表 3-22）。可见该煤样理论上取得了较好的分选效果，在分选密度为 1.8g/cm^3 时，选出的精煤可直接入炉燃烧。

表 3-20　不同粒级桐梓万顺煤样各参数值

名称	产率/%	硫分/%	灰分/%	热值/MJ · kg^{-1}
原煤	100.00	4.08	28.79	22.28
>6mm	24.64	5.53	50.94	13.33
<6mm	75.36	3.60	21.55	25.21

表 3-21　不同分选密度下桐梓万顺煤样选后精煤指标

分选密度 /g · cm^{-3}	>6mm 精煤产率/%	>6mm 精煤灰分/%	>6mm 精煤全硫/%	总精煤产率 /%	总精煤灰分 /%	总精煤全硫 /%	精煤热值 /MJ · kg^{-1}
1.8	38.90	15.79	1.98	84.94	20.90	3.42	26.19
1.9	41.17	17.54	2.14	85.50	21.07	3.43	26.14

续表 3-21

分选密度 /g·cm^{-3}	>6mm 精煤产率/%	>6mm 精煤灰分/%	>6mm 精煤全硫/%	总精煤产率 /%	总精煤灰分 /%	总精煤全硫 /%	精煤热值 /MJ·kg^{-1}
2.0	44.07	20.65	2.44	86.22	21.44	3.45	26.00
2.1	49.82	26.67	3.05	87.63	22.27	3.52	25.67
2.2	59.52	34.47	3.84	90.02	23.65	3.64	25.11

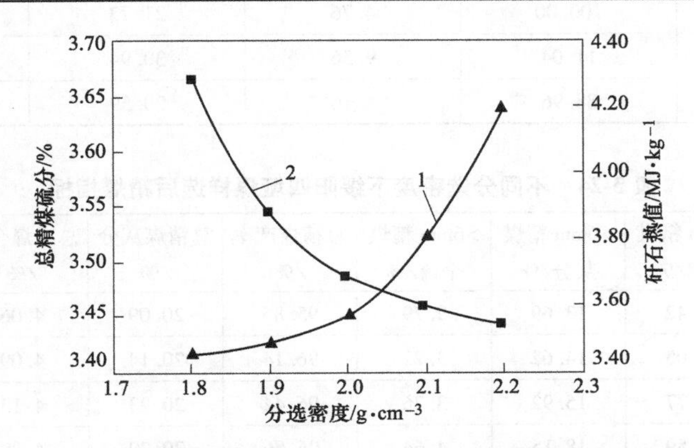

图 3-7 桐梓万顺精煤硫分、矸石热值同分选密度间的关系
1—总精煤硫分；2—矸石热值

表 3-22 不同分选密度下桐梓万顺煤样选后矸石指标

分选密度 /g·cm^{-3}	矸石灰分 /%	矸石全硫 /%	矸石产率 /%	矸石热值 /MJ·kg^{-1}	矸石热值损失/%	脱灰率 /%	脱硫率 /%
1.8	73.32	7.78	15.06	4.29	2.90	27.41	16.15
1.9	74.31	7.90	14.50	3.88	2.53	26.81	15.93
2.0	74.81	7.96	13.78	3.68	2.28	25.55	15.25
2.1	75.03	7.98	12.37	3.59	1.99	22.66	13.56
2.2	75.16	8.00	9.98	3.54	1.59	17.84	10.69

H 绥阳四垭煤样

根据表 3-23，绥阳四垭煤样原煤灰分为 21.73%，硫分为 4.76%，发热量为 26.65MJ/kg，经分析，四垭原煤中<6mm 的细粒级煤炭产率高达 88.96%，并且硫分和灰分含量均低于原煤；而>6mm 的煤炭硫分和灰分均较高，其中，硫分为 9.56%，灰分为 30.94%，因此该类煤炭适合采用原煤预先筛分，筛上物进行干法分选的工艺。通过实验室数据分析可得，总精煤的硫分随分选密度的增大而增大，矸石热值随分选密度的增大而减小；当分选密度为 1.8g/cm^3 时，总精煤硫分为 4.06%，接近入炉原煤硫分 4.0%的要求，总精煤灰分为 20.09%，发热量为 31.13MJ/kg（见表 3-24 和图 3-8）；此时，脱硫率为 14.60%，脱灰率为 7.54%，

矸石产率为4.15%，矸石热值为10.10MJ/kg（见表3-25）。可见该煤样理论上取得了较好的分选效果，适合采用干法分选进行炉前脱硫脱灰作业，脱除了原煤中的部分硫分及灰分，并且矸石产率很低。

表3-23　不同粒级绥阳四垭煤样各参数值

名称	产率/%	硫分/%	灰分/%	热值/MJ · kg^{-1}
原煤	100.00	4.76	21.73	26.65
>6mm	11.04	9.56	30.94	22.42
<6mm	88.96	4.16	20.59	27.18

表3-24　不同分选密度下绥阳四垭煤样选后精煤指标

分选密度 /g · cm^{-3}	>6mm 精煤产率/%	>6mm 精煤灰分/%	>6mm 精煤全硫/%	总精煤产率 /%	总精煤灰分 /%	总精煤全硫 /%	精煤热值 /MJ · kg^{-1}
1.8	62.42	13.69	2.79	95.85	20.09	4.06	31.13
1.9	65.05	14.62	3.22	96.14	20.14	4.09	31.20
2.0	67.77	15.92	3.76	96.44	20.23	4.13	31.24
2.1	71.59	18.15	4.64	96.86	20.39	4.20	31.23
2.2	77.34	21.37	5.89	97.50	20.66	4.31	31.19

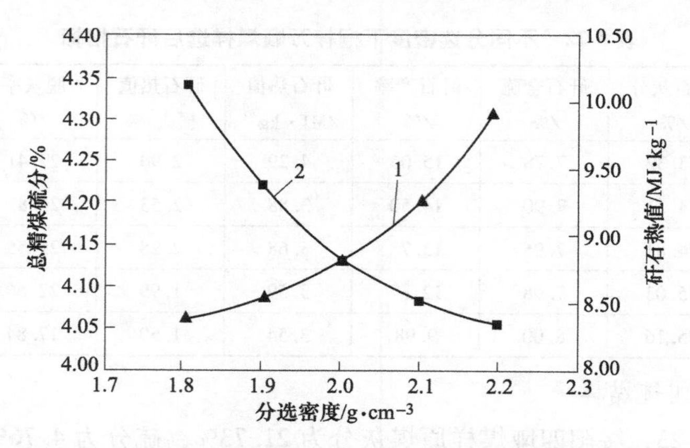

图3-8　绥阳四垭精煤硫分、矸石热值同分选密度间的关系
1—总精煤硫分；2—矸石热值

表3-25　不同分选密度下绥阳四垭煤样选后矸石指标

分选密度 /g · cm^{-3}	矸石灰分 /%	矸石全硫 /%	矸石产率 /%	矸石热值 /MJ · kg^{-1}	矸石热值损失/%	脱灰率 /%	脱硫率 /%
1.8	59.60	20.80	4.15	10.10	1.57	7.54	14.60
1.9	61.32	21.36	3.86	9.34	1.35	7.31	14.02

续表 3-25

分选密度 /g·cm^{-3}	矸石灰分 /%	矸石全硫 /%	矸石产率 /%	矸石热值 /MJ·kg^{-1}	矸石热值损失/%	脱灰率 /%	脱硫率 /%
2.0	62.51	21.74	3.56	8.81	1.18	6.92	13.18
2.1	63.17	21.94	3.14	8.52	1.00	6.18	11.70
2.2	63.58	22.07	2.50	8.34	0.78	4.94	9.34

I 实验室数据分析研究结论

实验室数据分析研究结论可得：

（1）经形态硫分析可知，桐梓地区主力煤矿所含硫分均以无机硫为主，适合采用干法分选实现煤炭硫分的脱除。

（2）桐梓地区（包括绥阳区域）煤炭<6mm 的细粒级产率普遍偏高，并且硫分和灰分含量相对较低，适合采用原煤预先筛分，对筛上物进行干法分选的工艺。

（3）对 8 种桐梓电厂主力煤矿进行了实验室实验及分选结果预测，结果表明，所选煤样的脱硫率在 17%~57%范围内，脱灰率在 19%~38%范围内，可利用干法分选技术进行煤炭的脱硫脱灰作业。在合适的分选密度下，桐梓道角矿、同鑫矿、坤鼎矿经分选后的精煤可作为低硫煤掺配燃烧；桐梓万顺矿、大河矿、仙岩矿经分选后的精煤硫分小于入炉原煤硫分 4.0%的要求，选后可直接入炉燃烧；桐梓渝能官仓、绥阳四垭矿经分选后的精煤硫分也达到一定脱硫效果，可增加高硫煤的使用量。

（4）针对废弃矸石热值偏高问题，目前作者所在中心与中国矿业大学正在合作研发“煤矸石的综合利用”课题，该课题将作为此次技改项目的配套延伸，对产出的煤矸石进行综合处理。主要内容是将煤矸石进一步解离，利用磁选和重选等方法，将煤矸石中富集的硫铁矿和硫精砂提取出来作为制备硫酸的原料出售，同时回收煤矸石中的低热值煤，届时将解决原煤热值损失的问题。“煤矸石的综合利用”是国家鼓励支持的方向，科研总院将积极争取国家科技计划资金支持。该课题预计在 2015 年下半年开展小型工业化试验。

（5）原煤炉前脱硫脱灰技术优势独特，可增加高硫煤炭的使用量，缓解高灰高硫烟气对设备的腐蚀和磨损、增加 SCR 催化剂寿命、降低检修费用、降低非停或故障发生概率、增强电厂购煤议价权、提高燃料利用率、减少环境污染，符合国家节能减排的大方向。

3.1.2 珙县电厂高硫煤实验室分选实验

3.1.2.1 珙县电厂用煤情况

珙县公司每年购煤约 250 万吨，平均硫分 3.56%，灰分 40.94%，热值 4150

大卡，其中大矿火车煤约40万吨，占购煤总量的16%左右，这部分煤存在硫分高、灰分高和热值低的特点，以大矿鲁班山南为例，2014年1~7月购买原煤约10万吨，平均硫分4.64%，灰分42.28%，热值3930kcal，此煤质在大矿煤源中具有代表性。其余购煤总量的84%左右，基本是由当地多个小矿供给，这部分来煤虽然煤质不稳定，但是硫分基本能够控制在3%左右。目前锅炉常见负荷为60%，入炉煤硫分控制在4%以内，即能够达到地方二氧化硫排放标准。

3.1.2.2 珙县煤样形态硫分析

对珙县鲁南、鲁北、杉木树、和泰、名峰等煤样的形态硫进行了分析，结果见表3-26，可以看出，珙县地区煤样硫分以无机硫为主，无机硫含量均在78%~96%，因此适合采用干法分选对煤炭进行硫分的脱除。

表3-26 珙县煤样形态硫分析 (%)

煤层	全硫	硫化铁硫	硫酸盐硫	有机硫	无机硫含量
鲁班山南矿	6.97	5.23	0.24	1.50	78.48
鲁班山北矿	4.49	3.52	0.08	0.89	80.18
杉木树	4.26	3.91	0.16	0.19	95.54
和泰	4.00	3.54	0.12	0.34	91.50
名峰	3.22	0.06	2.70	0.46	85.71

3.1.2.3 煤质实验室分选数据分析

珙县电厂的入炉硫分低于4.0%时，即可达到SO_2排放标准，因鲁南矿煤样的硫分较高，且鲁南矿供应量相对较大，因此，对该矿的分煤样进行了实验室实验及分选效果分析。

A 鲁南煤样

根据表3-27，鲁南煤样原煤灰分为41.15%，硫分为5.51%，发热量为17.72MJ/kg，经分析，鲁南原煤中<6mm的细粒级煤炭产率为37.85%，并且硫分和灰分含量均低于原煤；而>6mm的煤炭硫分和灰分均高于原煤，因此该类煤炭适合采用原煤预先筛分，筛上物进行干法分选的工艺。通过实验室数据分析可得，总精煤的硫分随分选密度的增大而增大，矸石热值随分选密度的增大而减小；当分选密度为1.8g/cm^{3}时，总精煤硫分为4.17%，接近入炉原煤硫分4.0%的要求，总精煤灰分为31.40%，发热量为15.40MJ/kg（见表3-28和图3-9）；此时，脱硫率为24.29%，脱灰率为23.69%，矸石产率为27.67%，矸石热值为7.70MJ/kg（见表3-29）。可见该煤样理论上取得了较好的分选效果，适合采用干法分选进行炉前脱硫脱灰作业。

表 3-27 不同粒级镇雄煤样各参数值

名称	产率/%	硫分/%	灰分/%	热值/MJ·kg⁻¹
原煤	100.00	5.51	41.15	17.72
>6mm	62.15	6.08	41.93	17.41
<6mm	37.85	4.58	39.88	18.22

表 3-28 不同分选密度下鲁南煤样选后精煤指标

分选密度 /g·cm^{-3}	>6mm 精煤产率/%	>6mm 精煤灰分/%	>6mm 精煤全硫/%	总精煤产率 /%	总精煤灰分 /%	总精煤全硫 /%	精煤热值 /MJ·kg^{-1}
1.8	55.47	22.10	3.73	72.33	31.40	4.17	15.40
1.9	61.04	23.16	3.97	75.79	31.51	4.27	15.16
2.0	64.66	24.56	4.20	78.04	31.99	4.39	14.93
2.1	68.92	27.14	4.52	80.69	33.12	4.55	14.57
2.2	75.21	30.93	4.93	84.59	34.93	4.77	14.02

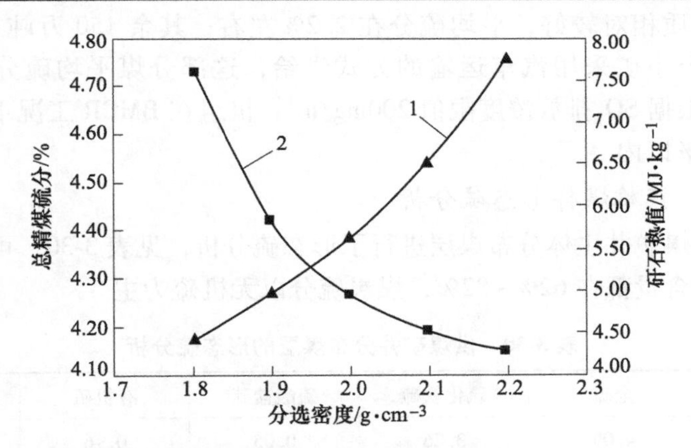

图 3-9 鲁南精煤硫分、矸石热值同分选密度间的关系
1—总精煤硫分；2—矸石热值

表 3-29 不同分选密度下鲁南煤样选后矸石指标

分选密度 /g·cm^{-3}	矸石灰分 /%	矸石全硫 /%	矸石产率 /%	矸石热值 /MJ·kg^{-1}	矸石热值损失/%	脱灰率 /%	脱硫率 /%
1.8	66.64	9.01	27.67	7.70	12.03	23.69	24.29
1.9	71.33	9.38	24.21	5.86	8.01	23.43	22.46
2.0	73.71	9.51	21.96	4.92	6.10	22.26	20.44
2.1	74.74	9.55	19.31	4.52	4.92	19.53	17.54
2.2	75.30	9.56	15.41	4.30	3.74	15.11	13.38

B 实验室数据分析研究结论

珙县鲁南矿在合适分选密度下，通过干法分选可实现一定的脱硫脱灰效果，选后煤炭硫分略高于入炉硫分要求，可通过同低硫煤的掺配，实现煤炭的合理利用。

3.1.3 镇雄电厂高硫煤实验室分选实验

3.1.3.1 镇雄电厂用煤情况

华电镇雄电厂一期装机2×600MW，按照设计，年设备利用小时数为5500h，在机组BMCR工况下，设计煤种年耗煤量约270万吨。而目前云南地区电网供电主要以水电为主，区域内火电厂年设备利用小时数普遍偏低，实际的年设备利用小时数在3000h左右，机组的年平均负荷为60%左右，机组年实际耗煤量约130万吨，原煤采购量每年在200万吨左右。镇雄电厂原煤采购来源主要有以下两种：东源镇雄煤业有限公司长岭矿洗选后的中煤，通过胶带运输机直接运至煤场，该选煤场设计年处理量为120万吨，该煤矿每年最多能提供40万~50万吨煤，这部分煤质相对较好，平均硫分在2.2%左右；其余150万吨左右的原煤，由周边30多个小矿采用汽车运输的方式供给，这部分煤平均硫分能够控制在2.5%~3%。根据SO_2排放浓度限值200mg/m^3，机组在BMCR工况下，入炉煤硫分控制在2.1%以内。

3.1.3.2 镇雄煤样形态硫分析

对镇雄供煤矿井主体分布煤层进行了形态硫分析，见表3-30，可以看出4个煤层的无机硫含量都在62%~82%，煤炭硫分以无机硫为主。

表3-30 供煤矿井分布煤层的形态硫分析 (%)

煤层	全硫	硫化铁硫	硫酸盐硫	有机硫	无机硫含量
$C5^a$	4.09	3.26	0.05	0.76	80.93
$C5^b$	3.35	2.40	0.07	0.88	73.73
$C6^a$	2.10	1.59	0.05	0.47	78.10
$C6^b$	0.78	0.47	0.05	0.29	66.67
混煤	3.90	3.01	0.44	0.45	88.46
混煤>6mm	5.10	4.30	0.36	0.44	91.37
混煤<6mm	3.28	2.26	0.54	0.48	85.37

3.1.3.3 煤质实验室分选数据分析

采取了镇雄电厂有代表性的入炉煤样，并对其进行了筛分、浮沉实验及煤质检测，根据实验结果对镇雄煤样的可选性及分选效果进行分析。

根据表 3-31 可知，镇雄煤样原煤灰分为 39.52%，硫分为 4.03%，发热量为 18.90MJ/kg，经分析，镇雄原煤中<6mm 的细粒级煤炭产率高达 60.78%，并且硫分和灰分含量均低于原煤；而>6mm 的煤炭硫分和灰分均相对较高，其中，硫分为 5.06%，灰分为 45.57%，因此该类煤炭适合采用原煤预先筛分，筛上物进行干法分选的工艺。通过实验室数据分析可得，总精煤的硫分随分选密度的增大而增大，矸石热值随分选密度的增大而减小；当分选密度为 1.8g/cm^3 时，总精煤硫分为 3.08%，接近入炉原煤硫分 2.8%的要求，总精煤灰分为 32.32%，发热量为 21.78MJ/kg（见表 3-32 和图 3-10）；此时，脱硫率为 23.51%，脱灰率为 18.23%，矸石产率为 18.32%，矸石热值为 6.08MJ/kg（见表 3-33）。可见该煤样理论上取得了较好的分选效果，适合采用干法分选进行炉前脱硫脱灰作业。

表 3-31 不同粒级镇雄煤样各参数值

名称	产率/%	硫分/%	灰分/%	热值/MJ · kg^{-1}
原煤	100.00	4.03	39.52	18.90
>6mm	39.22	5.06	45.57	16.71
<6mm	60.78	3.37	35.62	20.32

表 3-32 不同分选密度下镇雄煤样选后精煤指标

分选密度/g · cm^{-3}	>6mm 精煤产率/%	>6mm 精煤灰分/%	>6mm 精煤全硫/%	总精煤产率/%	总精煤灰分/%	总精煤全硫/%	精煤热值/MJ · kg^{-1}
1.8	53.29	22.72	2.26	81.68	32.32	3.08	21.78
1.9	57.42	23.96	2.38	83.30	32.47	3.10	21.73
2.0	60.48	25.61	2.57	84.50	32.81	3.15	21.59
2.1	64.87	28.73	2.96	86.22	33.59	3.25	21.28
2.2	71.80	33.24	3.52	88.94	34.87	3.42	20.77

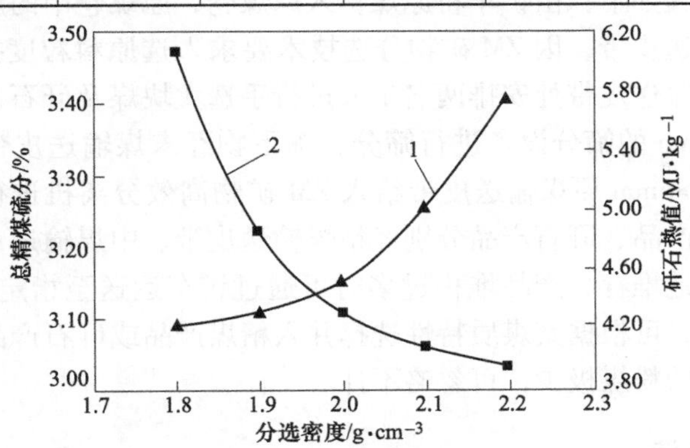

图 3-10 镇雄精煤硫分、矸石热值同分选密度间的关系
1—总精煤硫分；2—矸石热值

表 3-33 不同分选密度下镇雄煤样选后矸石指标

分选密度 /g · cm^{-3}	矸石灰分 /%	矸石全硫 /%	矸石产率 /%	矸石热值 /MJ · kg^{-1}	矸石热值损失/%	脱灰率 /%	脱硫率 /%
1. 8	71. 63	8. 27	18. 32	6. 08	5. 89	18. 23	23. 51
1. 9	74. 71	8. 69	16. 70	4. 83	4. 26	17. 85	23. 10
2. 0	76. 11	8. 88	15. 50	4. 27	3. 50	16. 98	22. 00
2. 1	76. 67	8. 96	13. 78	4. 05	2. 95	15. 02	19. 47
2. 2	76. 96	9. 00	11. 06	3. 93	2. 30	11. 78	15. 26

3.2 桐梓电厂炉前煤炭干法分选现场试验

3.2.1 干法分选试验系统现场布置

试验采用型号为 ZM10 的矿物分离系统对原煤进行脱硫脱灰处理，系统包括原煤集成上料系统、筛分系统、ZM 矿物分离系统、干湿综合除尘系统、产品输送系统和控制系统等，其中筛分设备的筛孔为 6mm，产品输送系统包括精煤皮带、中煤皮带、矸石皮带、粉煤皮带、原煤输送皮带、>6mm 原煤输送皮带。

ZM 分选设备总占地约为 100m^2，接引 380V 动力电源；试验现场还划分了相应区域，分别堆放原煤、选后精煤、选后中煤、选后矸石、筛下<6mm 末煤；配有铲车 1 台，用于将试验用原煤铲入原煤仓，将<6mm 末煤铲入运输卡车，送去过磅称重，将产生的精煤、中煤、矸石产品运输至指定区域，并清理试验现场；配有卡车 2 辆，用于运送筛分后<6mm 末煤去过地泵房称重，并堆至指定存放位置；配有 3 个取样桶，分别取精煤、中煤、矸石产品去称重、化验。

具体工艺流程如下：由铲车将原煤铲入原煤仓，原煤仓中的原煤通过振动给煤机给入原煤输送皮带，因 ZM 矿物分选技术要求入选原料粒度控制在 80mm 以下，因此在原煤输送皮带处安排两名工人进行手选大块煤及矸石，经手选后的原煤进入筛孔为 6mm 的筛分设备进行筛分，筛下物经末煤输送皮带输送至末煤区堆放，筛上物经>6mm 原煤输送皮带给入 ZM 矿物高效分离机进行分选，选出的精煤产品、中煤产品、矸石产品分别经精煤输送皮带、中煤输送皮带、矸石输送皮带输送，并落地堆存，产品堆积过多时可通过铲车运送至指定产品放置区域，产出的中煤产品，可根据其煤质特性选择并入精煤产品或矸石产品，因煤炭相对潮湿，除尘产生的粉煤极少，可忽略不计。

3.2.2 试验及方法

选取距桐梓较近的渝能官仓、众源两个高硫煤矿进行试验。对原煤煤样进行缩分试验，制备原煤样品，并进行煤质化验；分别对原煤和筛分后产生的<6mm末煤进行过磅称重，计算不同粒级原煤的产率。现场分选试验人工采样采用落流采样法，对精煤、中煤及矸石进行时间基采样。落流采样器在传送皮带末端的下落煤流中截取一完整的煤流作为单个子样，单次试验精煤、中煤及矸石的所有子样分别合并为总样，通过对总样称重计算产率，同时对样品制备，并进行煤质化验。

对渝能官仓原煤进行过磅称重，提前堆放到试验煤场指定位置，制备原煤样品，并进行煤质化验。调试ZM矿物分选系统，待系统稳定后进行取样作业，计算该状况下精煤、中煤、矸石产品的产率，并对三种产品进行化验分析；调整分选设备参数，待系统稳定后再次进行取样作业，考察不同分选参数下产品的产率及分选效果。铲车持续完成上煤作业，并将产生的精煤、中煤、矸石产品运输至指定区域，清理试验现场；试验结束后，对产生的<6mm末煤进行称重，计算不同粒级原煤的产率。众源矿用煤在渝能官仓原煤分选试验过半后入场堆放，分选试验操作同上。

3.2.3 桐梓电厂入炉高硫煤分选效果

3.2.3.1 渝能官仓矿

试验共分选258.54t渝能官仓矿原煤；其中，丢弃的手选大块矸石按高1.5m，半径2.3m，堆密度1000kg/m^{3}的锥形计算，重为8.3t，占原煤比例为3.21%；过磅末煤重135.6t，压实末煤层按煤粉高0.1m、面积60m^2、堆密度800kg/m^{3}计算，重4.8t，占原煤比例为1.86%；最后计算得<6mm末煤产率为56.11%。

（1）实验室同小试原煤煤质资料的对比分析。表3-34为实验室和现场测得不同粒级渝能官仓煤样的各参数值，因取样具有随机性，实验室测得原煤的煤质指标同现场测得原煤的煤质指标有一定差异，但均在可控范围内。通过原煤资料分析可知，渝能官仓原煤中<6mm的细粒级煤炭产率较高，并且硫分和灰分含量均低于原煤；而>6mm的煤炭硫分和灰分均高于原煤，因此该类煤炭适合采用原煤预先筛分，筛上物进行干法分选的工艺，同实验室结论吻合。

表3-34 实验室同小试原煤煤质资料的对比

编 号	产率/%	硫分/%	灰分/%	热值/MJ·kg^{-1}
原煤（实验室）	100.00	6.51	38.84	19.06
>6mm（实验室）	35.14	9.24	48.56	15.06
<6mm（实验室）	64.86	5.03	33.58	21.22

续表 3-34

编　号	产率/%	硫分/%	灰分/%	热值/MJ · kg^{-1}
原煤（小试）	100.00	7.25	42.53	16.14
>6mm（小试）	43.89	8.74	53.12	11.94
<6mm（小试）	56.11	5.46	34.06	19.46

（2）实验室分选预测结果同现场实际分选结果的对比。通过实验室分选预测结果可知，总精煤的硫分随分选密度的增大而增大，矸石热值随分选密度的增大而减小，如图 3-11 所示。可见该煤样理论上取得了一定的分选效果，适合采用干法分选进行炉前脱硫脱灰作业。在小试系统稳定的前提下，共进行了 3 个工况下的分选实验，表 3-35 为实验室不同分选密度下各参数预测值同实际 3 个工况下参数实测值的对比。

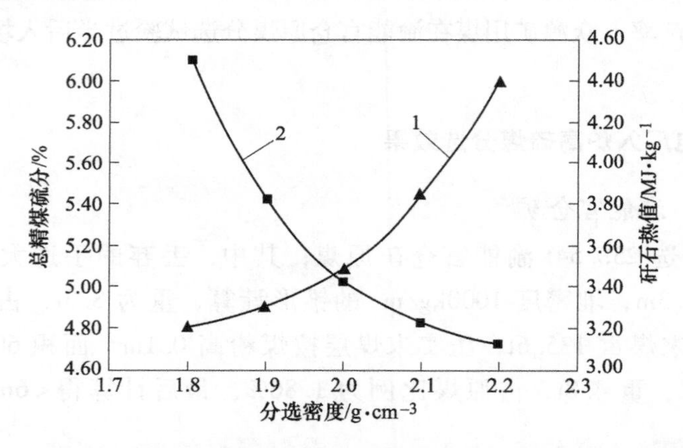

图 3-11　桐梓渝能官仓精煤硫分、矸石热值预测值同分选密度间的关系
1—总精煤硫分；2—矸石热值

表 3-35　实验室预测值同实际工况下实测值的对比

测量值及实测值	总精煤产率/%	矸石灰分/%	总精煤灰分/%	总精煤热值/%	总精煤全硫/%	矸石热值/MJ · kg^{-1}	矸石全硫/%	矸石产率/%	脱灰率/%	脱硫率/%
分选密度 1.8g/cm^3 预测值	81.18	73.89	30.72	21.68	4.93	4.52	13.32	18.82	20.92	24.26
分选密度 1.9g/cm^3 预测值	82.37	75.64	30.97	21.55	4.98	3.82	13.68	17.63	20.28	23.58
分选密度 2.0g/cm^3 预测值	83.55	76.63	31.40	21.37	5.06	3.42	13.89	16.45	19.17	22.33

续表 3-35

测量值及实测值	总精煤产率/%	矸石灰分/%	总精煤灰分/%	总精煤热值/%	总精煤全硫/%	矸石热值/MJ·kg^{-1}	矸石全硫/%	矸石产率/%	脱灰率/%	脱硫率/%
分选密度2.1g/cm^3 预测值	85.38	77.12	32.28	21.00	5.23	3.22	13.99	14.62	16.89	19.70
分选密度2.2g/cm^3 预测值	88.27	77.40	33.72	20.41	5.51	3.11	14.05	11.73	13.20	15.40
工况1实测值	86.97	69.22	33.91	19.68	5.53	5.25	11.84	13.03	20.27	23.75
工况7实测值	84.21	71.19	33.46	19.98	5.48	4.29	14.66	15.79	21.33	24.44
工况8实测值	83.12	71.50	34.09	19.76	5.47	4.55	13.09	16.88	19.85	24.50

为更直观地对比分析实验室预测值同实际工况下的实测值，制作了图 3-12 和图 3-13，由图 3-12 和图 3-13 可以看出，实际分选的各参数值均在实验室预测值附近波动，因实验室所得煤样的不同粒级产率、灰分、硫分、发热量和现场所测煤样的数值不一致，再加测试时取样也有一定随机性，因此实测值和预测值并不能完全吻合，但现场实测值满足实验室预测的整体规律，并取得了预期分选效果。以工况 7 为例，该工况下的脱硫率和脱灰率分别为 24.44%和 21.33%，原煤硫分由 7.25%降至 5.48%，矸石产率为 15.79%，热值为 4.29MJ/kg，可知，分选取得了较好的脱硫脱灰效果，降低了掺配用高硫煤的硫分，增加了渝能官仓煤矿的使用量。

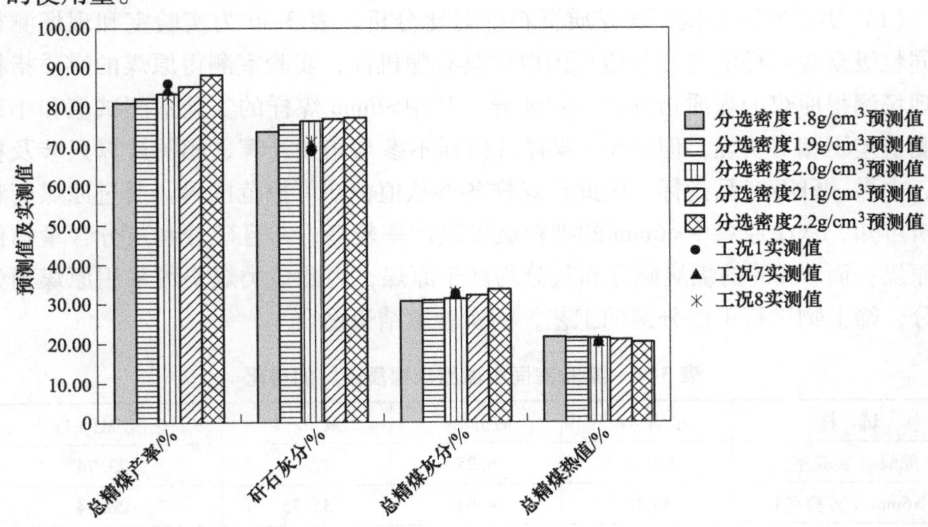

图 3-12　实验室预测值同实际况下实测值的对比

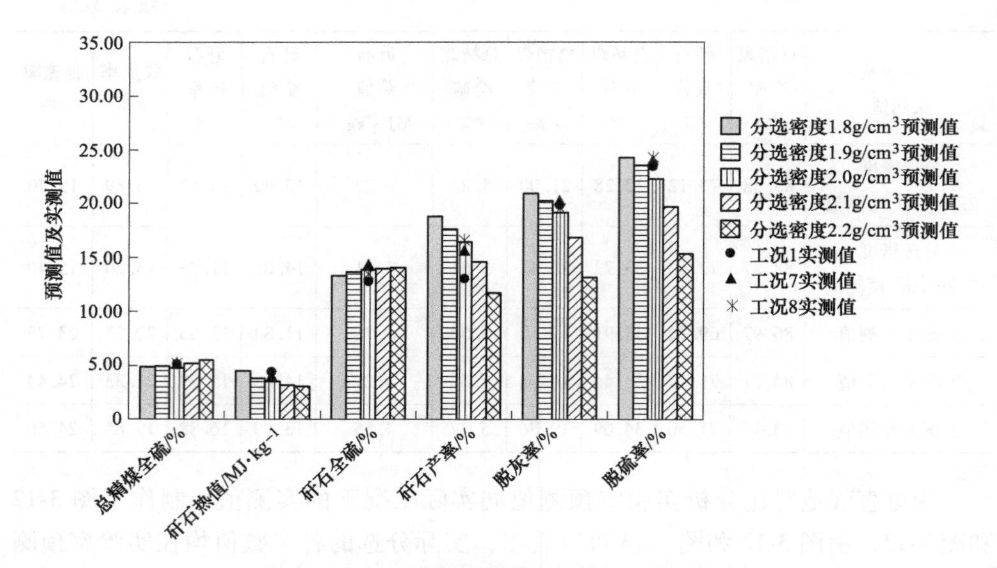

图 3-13　实验室预测值同实际况下实测值的对比

3.2.3.2　*众源矿*

试验共分选 108.06t 众源矿原煤；其中，丢弃的手选大块矸石按渝能官仓丢弃矸石占原煤 3.21%的比例为基准计算，重为 3.6t；过磅末煤重 53.28t，压实粉煤层按渝能官仓压实末煤层占原煤 1.86%的比例为基准计算，重 2.08t；最后计算得<6mm 末煤产率为 53.00%。

（1）实验室同小试原煤煤质资料的对比分析。表 3-36 为实验室和现场测得不同粒级众源煤样的各参数值，因取样具有随机性，实验室测得原煤的煤质指标同现场测得原煤的煤质指标有一定差异，其中>6mm 煤样的实验室测试值和小试实测值差距相对明显，但>6mm 煤样各指标不参与相关计算，相关计算只涉及精煤、中煤、矸石产品指标，因此该煤样各参数值也在可控范围内。通过原煤资料分析可知，众源原煤中<6mm 的细粒级煤炭产率较高，并且硫分和灰分含量均低于原煤；而>6mm 的煤炭硫分和灰分均高于原煤，因此该类煤炭可采用原煤预先筛分，筛上物进行干法分选的工艺，同实验室结论吻合。

表 3-36　实验室同小试原煤煤质资料的对比

试　样	产率/%	硫分/%	灰分/%	热值/MJ · kg^{-1}
原煤（实验室）	100.00	6.25	27.08	23.74
>6mm（实验室）	35.09	8.03	35.55	20.04
<6mm（实验室）	64.91	5.29	22.50	25.74

续表 3-36

试 样	产率/%	硫分/%	灰分/%	热值/MJ·kg^{-1}
原煤（小试）	100.00	7.07	35.27	19.98
>6mm（小试）	47.00	10.09	52.67	12.58
<6mm（小试）	53.00	5.77	23.31	23.91

（2）实验室分选预测结果同现场实际分选结果的对比。通过实验室分选预测结果可知，总精煤的硫分随分选密度的增大而增大，矸石热值随分选密度的增大而减小，如图 3-14 所示。可见该煤样理论上取得了一定的分选效果，可采用干法分选进行炉前脱硫脱灰作业。在小试系统稳定的前提下，共进行了 4 个工况下的分选试验，表 3-37 为实验室不同分选密度下各参数预测值同实际 4 个工况下参数实测值的对比。

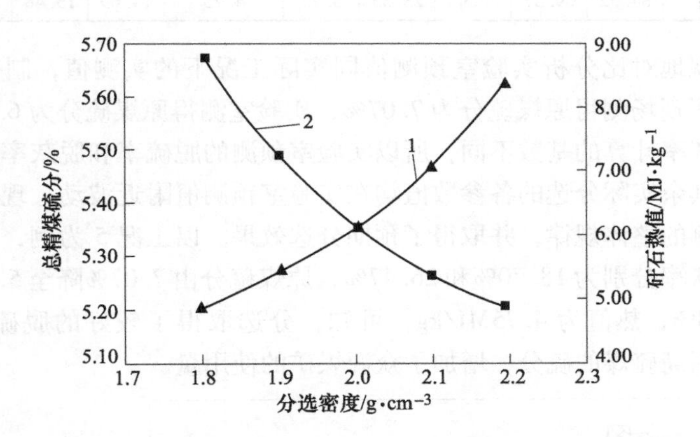

图 3-14 桐梓众源精煤硫分、矸石热值预测值同分选密度间的关系
1—总精煤硫分；2—矸石热值

表 3-37 实验室预测值同实际工况下实测值的对比

预测值及实测值	总精煤产率/%	矸石灰分/%	总精煤灰分/%	总精煤热值/%	总精煤全硫/%	矸石热值/MJ·kg^{-1}	矸石全硫/%	矸石产率/%	脱灰率/%	脱硫率/%
分选密度 1.8g/cm^3 预测值	85.87	61.22	21.46	25.29	5.20	8.79	12.61	14.13	20.75	16.74
分选密度 1.9g/cm^3 预测值	87.95	64.63	21.94	25.05	5.28	7.26	13.35	12.05	18.99	15.56
分选密度 2.0g/cm^3 预测值	89.68	67.28	22.45	24.81	5.35	6.07	14.05	10.32	17.09	14.36

续表 3-37

预测值及实测值	总精煤产率/%	矸石灰分/%	总精煤灰分/%	总精煤热值/%	总精煤全硫/%	矸石热值/MJ · kg^{-1}	矸石全硫/%	矸石产率/%	脱灰率/%	脱硫率/%
分选密度2.1g/cm^3 预测值	91.30	68.88	23.09	24.53	5.46	5.35	14.50	8.70	14.72	12.58
分选密度2.2g/cm^3 预测值	93.26	69.95	23.98	24.14	5.63	4.87	14.81	6.74	11.45	9.90
工况 1 实测值	86.32	64.32	26.42	23.13	5.64	6.79	16.13	13.68	25.09	20.22
工况 2 实测值	83.94	63.61	24.94	23.69	5.81	7.19	15.47	16.06	29.30	17.81
工况 3 实测值	86.52	66.25	25.22	23.66	5.72	5.98	17.17	13.48	28.49	19.10
工况 5 实测值	84.52	69.37	25.93	23.35	5.75	4.75	14.69	15.48	26.47	18.70

为更直观地对比分析实验室预测值同实际工况下的实测值，制作了图 3-15和图 3-16，因现场测得原煤硫分为 7.07%，实验室测得原煤硫分为 6.25%，致使脱硫率、脱灰率计算的基数不同，所以实验室预测的脱硫率和脱灰率同实测值有一定差距；其余实际分选的各参数值均在实验室预测值附近波动，现场实测值满足实验室预测的整体规律，并取得了预期分选效果。以工况 5 为例，该工况下的脱硫率和脱灰率分别为 18.70%和 26.47%，原煤硫分由 7.07%降至 5.75%，矸石产率为 15.48%，热值为 4.75MJ/kg，可知，分选取得了较好的脱硫脱灰效果，降低了掺配用高硫煤的硫分，增加了众源煤矿的使用量。

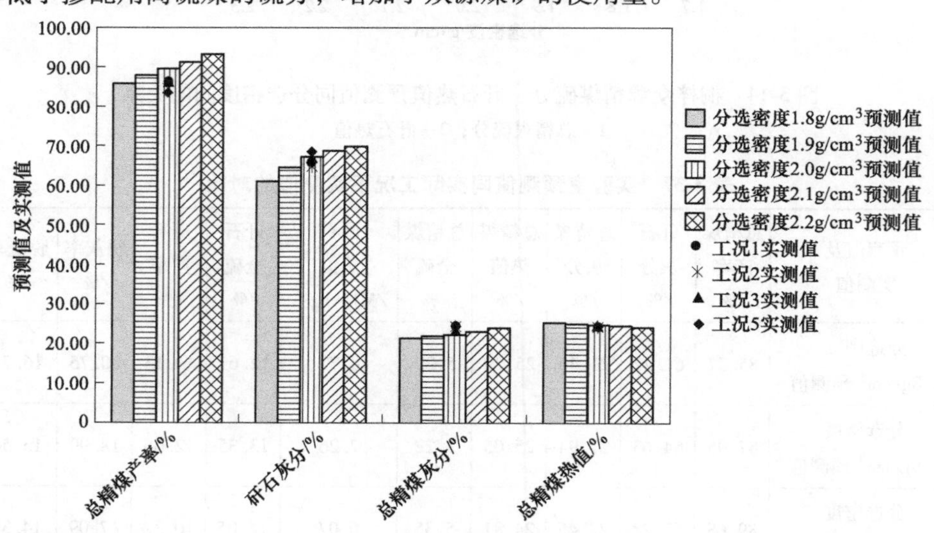

图 3-15　实验室预测值同实际况下实测值的对比

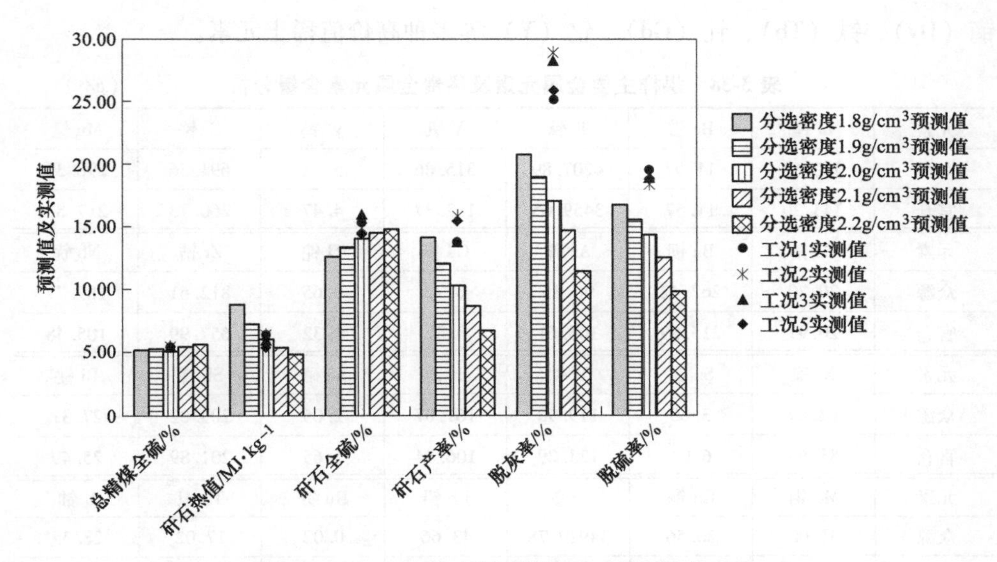

图 3-16 实验室预测值同实际况下实测值的对比

3.3 复合式干法分选后高硫煤矸石综合利用技术研究

煤矸石是我国排放量最大的工业废物，高效合理的煤矸石综合利用技术，可以有效利用煤矸石热值、回收煤矸石中有用成分，减少其对土地资源占用和环境污染，避免资源浪费及矸石山自燃所引起的风险。研发及推进煤矸石综合利用技术意义重大，符合国家节能减排的大方向，有利于发展循环经济，提高资源利用效率，实现经济效益、社会效益和环境效益的有机统一。

我国西南地区煤矸石硫分较高，大量煤矸石处于堆弃状态，这既造成了资源浪费，又带来了严重的环境污染。目前国家高度重视煤矸石综合利用问题，亟须加强煤矸石综合利用技术的研究，以此来促进煤矸石综合利用产业的发展。为了给西南地区高硫煤矸石的综合利用提供切合实际的有效途径，针对桐梓地区渝能官仓矿及众源矿通过 ZM 矿物高效分离系统产生的高硫煤矸石，进行了稀贵金属资源回收可行性研究及深度高效分选提取硫铁矿技术研究。

3.3.1 高硫煤矸石稀贵金属资源回收技术研究

3.3.1.1 煤矸石样品金属含量分析

对众源、渝能官仓煤矸石样品中的金属元素进行检测分析，分析结果见表 3-38、表 3-39；可以看出，煤矸石样品中含有铑（Rh）、铼（Re）、铟（In）、镓（Ga）、锗（Ge）、金（Au）、铷（Rb）等高价值稀贵金属元素；且含钪（Sc）、镝（Dy）、铽（Tb）、钆（Gd）、钇（Y）等多种高价值稀土元素。

表 3-38 煤样主要金属元素及稀贵金属元素含量分析 (g/t)

元素	Li 锂	Be 铍	Ti 钛	V 钒	W 钨	Cr 铬	Mn 锰
众源	360.63	11.97	4207.89	315.86	5.28	691.56	298.39
官仓	343.20	11.57	3459.05	182.37	4.47	260.13	217.88
元素	Co 钴	Ba 钡	As 砷	Cd 镉	Tl 铊	Zr 锆	Nb 铌
众源	20.70	267.42	90.35	6.72	0.65	812.61	189.77
官仓	20.97	215.39	106.61	3.37	1.32	657.99	105.48
元素	Ni 镍	Sn 锡	Ti 钛	Sr 锶	Se 硒	Sb 锑	Bi 铋
众源	92.89	3.60	119.90	161.07	2.05	209.02	27.31
官仓	83.60	6.93	123.29	106.84	1.65	201.89	25.49
元素	Mo 钼	Cu 铜	Fe 铁	Pb 铅	Ru 钌	Ta 钽	U 铀
众源	31.00	26.56	34929.78	43.66	0.02	17.02	28.35
官仓	31.28	43.33	39967.20	13.10	0.01	5.23	20.59
元素	Ga 镓	Ge 锗	Ir 铱	Pd 钯	Pt 铂	Rh 铑	Os 锇
众源	20.29	12.84	0.02	0.09	bdl	1.73	nd
官仓	44.33	11.49	0.01	0.10	bdl	1.76	nd
元素	Au 金	Rb 铷	Cs 铯	Ag 银	Re 铼	In 铟	
众源	0.29	6.39	1.39	bdl	1.44	1.38	
官仓	0.30	40.95	5.68	bdl	1.41	1.12	

表 3-39 煤样稀土元素含量分析 (g/t)

元素	La 镧	Ce 铈	Pr 镨	Nd 钕	Sm 钐	Eu 铕	Gd 钆	Tb 铽	Sc 钪
众源	160.89	327.16	35.12	132.05	23.05	3.38	26.92	3.46	3.19
官仓	357.63	646.26	71.04	260.70	42.35	4.72	46.51	4.84	3.36
元素	Dy 镝	Ho 钬	Er 铒	Tm 铥	Yb 镱	Lu 镥	Hf 铪	Y 钇	
众源	19.32	3.65	11.25	1.33	8.41	1.18	29.47	136.59	
官仓	24.64	4.73	14.83	1.93	13.12	1.92	16.38	168.92	

3.3.1.2 煤矸石金属资源回收技术经济性初步分析

A 金属资源回收潜在经济价值初步分析

根据煤矸石中稀贵金属市场价格、元素含量分析结果，可计算得出煤矸石中稀贵金属元素的潜在经济价值，众源及渝能官仓煤矸石金属市场回收潜力分析分别见表 3-40 和表 3-41，可以看出，众源煤矸石样品中稀贵金属潜在经济价值可达 1948.33 元/吨，渝能官仓煤矸石样品中稀贵金属潜在经济价值可达 2629.73

元/吨，说明回收煤矸石样品中的稀贵金属具有较高的经济价值。

表 3-40 众源煤矸石样品中金属潜在价值分析

元素	Rh 铑	Re 铼	Ga 镓	In 铟	Ge 锗	Au 金	Rb 铷	Sc 钪
价格/元 · 克$^{-1}$	280.00	100.00	5.00	10.00	12.00	280.00	10.00	200.00
含量/g	1.73	1.44	20.29	1.38	12.84	0.29	6.39	3.19
价值/元	484.40	144.00	101.45	13.80	154.08	81.20	63.90	637.00
元素	Dy 镝	Tb 铽	Gd 钆	Y 钇	La 镧	Pr 镨	Nd 钕	合计
价格/元 · 克$^{-1}$	3.00	4.00	1.00	0.30	0.35	0.56	0.40	
含量/g	19.32	3.46	26.92	136.59	160.89	35.12	132.05	
价值/元	57.96	13.84	26.92	40.98	56.31	19.67	52.82	1948.33

表 3-41 渝能官仓煤矸石样品中金属潜在价值分析

元素	Rh 铑	Re 铼	Ga 镓	In 铟	Ge 锗	Au 金	Rb 铷	Sc 钪
价格/元 · 克$^{-1}$	280.00	100.00	5.00	10.00	12.00	280.00	10.00	200.00
含量/g	1.76	1.41	44.33	1.12	11.49	0.30	40.95	3.36
价值/元	492.80	141.00	221.65	11.20	137.88	84.00	409.50	672.00
元素	Dy 镝	Tb 铽	Gd 钆	Y 钇	La 镧	Pr 镨	Nd 钕	合计
价格/元 · 克$^{-1}$	3.00	4.00	1.00	0.30	0.35	0.56	0.40	
含量/克	24.64	4.84	46.51	168.92	357.63	71.04	260.70	
价值/元	73.92	19.36	46.51	50.68	125.17	39.78	104.28	2629.73

B 金属资源回收成本初步估计

煤矸石稀贵金属回收需采用分选富集、浸出提取、浸出液分离提纯等工艺，结合稀贵金属回收经验，初步估计回收过程如下：前处理成本，即煤矸石需破碎、球磨等前处理过程；分选成本，即煤矸石稀贵金属可能用到重选、浮选等工艺，达到稀贵金属富集的目的；浸出成本，即煤矸石稀贵金属的综合回收可能会用到焙烧、酸浸、固液分离等；浸出液分离提纯成本，即浸出液中稀贵金属的分离提取多采用萃取-反萃、反萃液沉淀、电解、置换等工艺。结合上述回收过程，初步估计回收成本见表 3-42，成本包括设备折旧、能耗、人工及主要药剂费用。煤矸石样品经重选分离富集，最少降低物料处理量 50%，即浸出回收物料为煤矸石物料的 50%。经计算，所有能预计到的工艺设备折旧、能耗、药剂消耗、人工费用总计约 885 元/吨。

表 3-42 煤矸石稀贵金属回收成本预计

项目	成本/元·吨$^{-1}$	处理量/t	成本小计/元
运输	100	1	100
破碎	50	1	50
球磨	50	1	50
重选	30	1	30
浮选	50	1	50
焙烧活化	50	0.5	25
浸出提取	100	0.5	50
固液分离	20	0.5	10
浸出液澄清	20	0.5	10
浸出液萃取-反萃	400	0.5	200
反萃液沉淀	20	0.5	10
反萃液电解	50	0.5	25
反萃液浓缩	50	0.5	25
反萃液结晶	50	0.5	25
环保治理-废水	100	1	100
环保治理-废气	100	1	100
环保治理-废渣	50	0.5	25

众源煤矸石稀贵金属潜在经济价值约 1948 元/吨，渝能官仓煤矸石稀贵金属潜在经济价值约 2629 元/吨。分选富集法回收目的仅为富集稀贵金属，回收率应保证高于 90%，金属的浸出法回收率一般高于 90%，因此稀贵金属回收率应高于 80%。众源煤矸石稀贵金属回收总价值 $Q=1948\times80\%\approx1558$ 元/吨；渝能官仓煤矸石稀贵金属回收总价值 $Q=2629\times80\%\approx2103$ 元/吨。初步估计：众源煤矸石稀贵金属回收毛利润 = 1558 − 885 = 673 元/吨；渝能官仓煤矸石稀贵金属回收毛利润 = 2103 − 885 = 1218 元/吨。因工艺成本与矿石赋存状态关系较大，估算难度高，该部分内容仅作参考。

3.3.2 高硫煤矸石深度高效分选提取硫铁矿技术研究

为考察高硫煤矸石综合利用技术研究现状，对南桐矿业干坝子选煤厂煤矸石高密度重介分选工艺流程及相关设备进行了参观，并对该系统应用概况进行了调研。该工艺主选设备为三产品高密度重介质旋流器，由两台两产品旋流器串联组装而成，分选密度达到 2.6~2.8g/cm^3，煤矸石经过该工艺分选后，产出硫精矿及沸腾煤两种产品。结合该设备性能，对众源、渝能官仓煤矸石样品进行了实验室高密度分选试验及相关化验分析。

3.3.2.1　众源高硫煤矸石

A　煤矸石形态硫分析

对众源煤矸石的煤质指标及形态硫进行了测试，结果见表3-43和表3-44。通过分析可知煤矸石的硫分较高，达到14.82%，且煤矸石中的硫分以无机硫为主，无机硫含量高达91.90%，说明可以通过按密度分选的方法提取其中的有用硫分。

表3-43　煤矸石煤质指标

样品名称	硫分/%	灰分/%	低位发热量/MJ·kg^{-1}
煤矸石原样	14.82	67.52	5.81

表3-44　煤矸石形态硫分析　(%)

样品名称	全硫	硫酸盐硫	硫化铁硫	有机硫	无机硫含量
煤矸石原样	14.82	0.52	13.10	1.2	91.90

B　煤矸石破碎筛分实验

对煤矸石按25mm、13mm、8mm的粒度分别进行破碎实验，并对煤矸石原样、25mm破碎级、13mm破碎级、8mm破碎级进行了筛分实验，实验结果见表3-45，不同破碎粒级的粒度组成曲线如图3-17所示。可以看出，破碎粒级越小，产生的细颗粒产物比例越大；这容易对入料的分选环境产生不利影响，降低分选精度。

表3-45　煤矸石破碎筛分实验

粒级/mm	原样累计产率/%	粒级/mm	25mm破碎级累计产率/%	粒级/mm	13mm破碎级累计产率/%	粒级/mm	8mm破碎级累计产率/%
<1	4.43	<1	6.69	<1	7.89	<1	8.10
1~3	6.88	1~3	11.73	1~3	16.42	1~3	19.77
3~6	10.12	3~6	17.15	3~6	25.39	3~6	39.33
6~13	30.59	6~13	33.4	6~13	100.00	6~8	100.00
13~25	61.98	13~25	100.00				
25~50	100.00						

C　入料粒度的确定

对25mm破碎级、13mm破碎级、8mm破碎级煤矸石样品分别进行了密度为2.8g/cm^{3}的高密度浮沉试验，并对浮沉产物进行了煤质指标检测，实验结果见

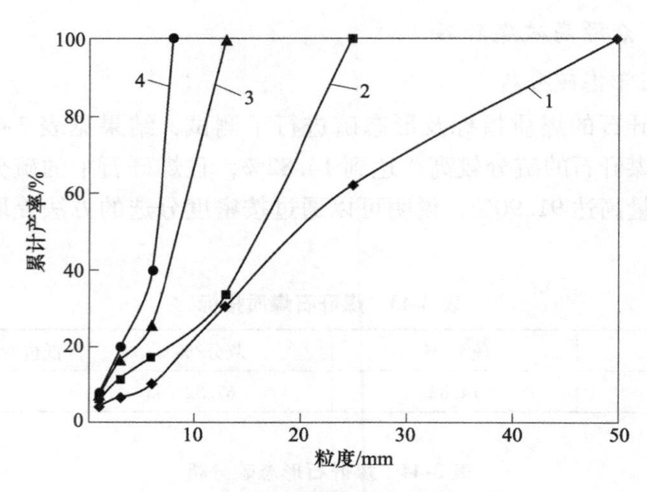

图 3-17　不同破碎粒级粒度组成曲线

1—50mm；2—25mm；3—13mm；4—8mm

表 3-46。其中，>2.8g/cm³ 密度级的产物定义为硫精矿，将剩余产物定义为沸腾煤。

表 3-46　不同破碎粒级煤矸石 2.8g/cm³ 密度级浮沉试验结果

破碎粒度 /mm	粒级 /mm	密度级 /g·cm⁻³	产率 /%	硫分 /%	灰分 /%	低位发热量 /MJ·kg⁻¹
25	25~0.5	>2.8	28.96	38.44	66.02	4.88
		<2.8	71.04	5.72	67.58	7.20
		合计	100.00	15.20	67.13	6.53
	<0.5		4.04	14.81	54.71	11.13
	总计		100.00	15.18	66.63	6.71
13	13~0.5	>2.8	31.14	42.65	64.84	4.90
		<2.8	68.86	5.25	67.46	7.28
		合计	100.00	16.90	66.64	6.54
	<0.5		5.14	16.00	56.90	9.99
	总计		100.00	16.85	66.14	6.72
8	8~0.5	>2.8	35.20	42.33	63.75	5.91
		<2.8	64.80	5.60	68.10	6.77
		合计	100.00	18.53	66.57	6.47
	<0.5		8.98	17.18	59.28	8.70
	总计		100.00	18.41	65.91	6.67

通过实验结果分析可知，25mm 破碎级>2.8g/cm³ 产物的产率为 27.79%，硫分为 38.44%；13mm 破碎级>2.8g/cm³ 产物的产率为 29.54%，硫分为 42.65%，8mm 破碎级>2.8g/cm³ 产物的产率为 32.04%，硫分为 42.33%，不同破碎粒级煤矸石>2.8g/cm³ 密度级样品的产率及硫分如图 3-18 所示。可以看出 8mm 破碎级产率最高，并且硫分高达 42.33%，因此将 8mm 选定为众源煤矸石的破碎粒级。

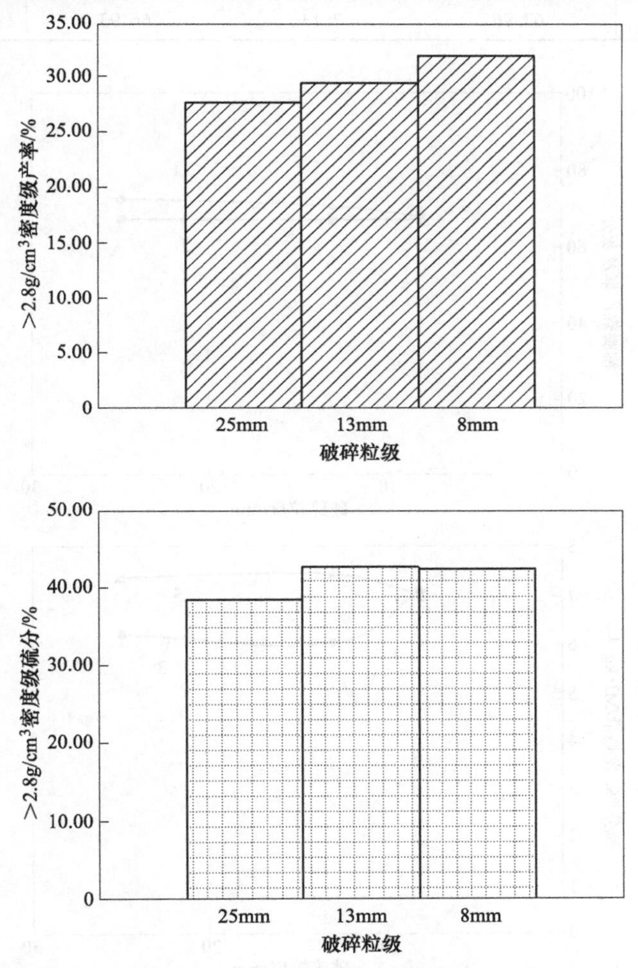

图 3-18　不同破碎粒级煤矸石>2.8g/cm³ 密度级样品的产率及硫分

不同粒级产生的沸腾煤的煤质指标见表 3-47，各指标随破碎粒度的变化如图 3-19 所示。可以看出，不同破碎级，选后沸腾煤各指标数值相差不大；随着破碎粒度的减小，产出的沸腾煤发热量呈减小趋势，产率逐渐减小，灰分变化不大，硫分变化无明显规律。

表 3-47　不同破碎粒级产生沸腾煤的煤质参数指标

破碎粒级 /mm	产率 /%	硫分 /%	灰分 /%	低位发热量 /MJ · kg⁻¹
25	72.21	6.23	66.86	7.42
13	70.46	6.03	66.69	7.48
8	67.96	7.13	66.93	7.03

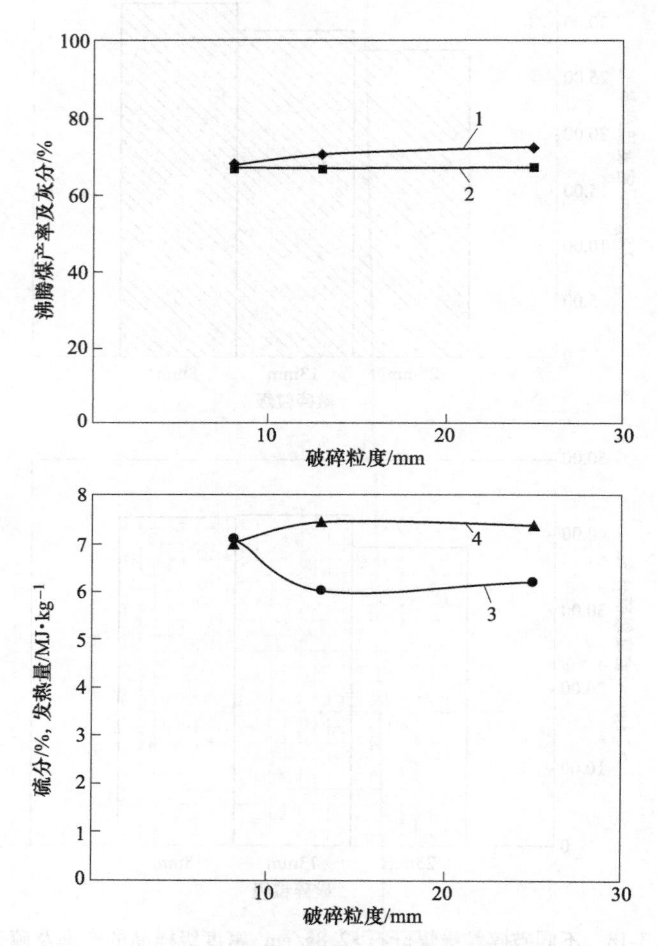

图 3-19　沸腾煤不同指标随破碎粒度的变化

1—沸腾煤产率；2—灰分；3—硫分；4—发热量

D　可选性分析

对 8mm 破碎粒级进行了系统的高密度浮沉实验及浮沉产物的煤质指标检测，实验结果见表 3-48，根据实验结果，绘制了众源煤矸石的可选性曲线，如图 3-20

所示。通过可选性曲线可知，当产出硫铁矿硫分为40%时，理论分选密度为2.8g/cm^3，理论产率为35%，此时的临近密度物含量为17.5%，可选性为中等可选，这说明当分选密度大于2.8g/cm^{3}时，理论上可以获得硫品位在40%以上的硫铁矿。

表3-48　8mm破碎粒级煤矸石重液浮沉试验结果

粒级/mm	密度级/g·cm^{-3}	产率/%	硫分/%	灰分/%	低位发热量/MJ·kg^{-1}
25~0.5	<1.8	4.89	5.10	29.11	22.91
	1.8~2.0	5.40	5.71	48.79	14.61
	2.0~2.2	10.62	5.61	59.77	10.29
	2.2~2.4	12.09	4.98	70.45	6.02
	2.4~2.6	20.96	4.57	81.79	1.87
	2.6~2.8	11.53	6.82	77.69	1.76
	>2.8	34.51	41.79	63.84	5.33
	合计	100.00	17.92	67.06	6.16
<0.5		8.98	17.18	59.28	8.70
总计		100.00	17.85	66.36	6.39

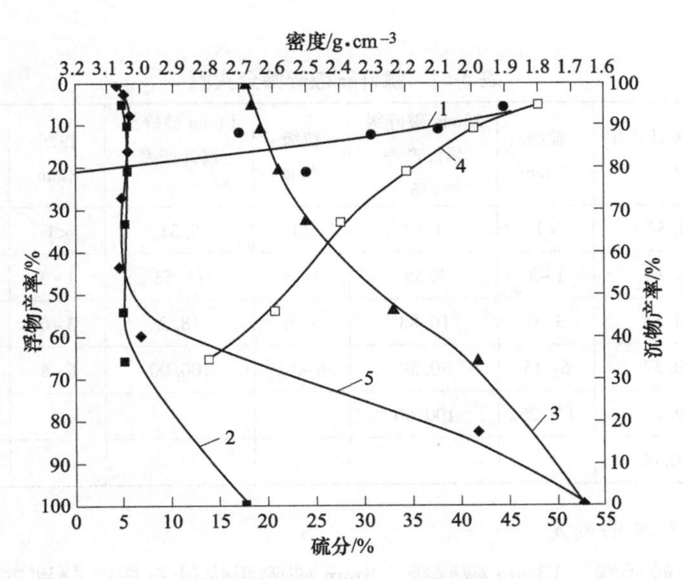

图3-20　众源煤矸石可选性曲线

1—硫分特性曲线；2—浮物曲线；3—沉物曲线；4—密度曲线；5—临近密度物曲线

3.3.2.2 渝能官仓高硫煤矸石

A 煤矸石形态硫分析

对渝能官仓煤矸石的煤质指标及形态硫进行了测试，结果见表 3-49 和表 3-50。通过分析可知煤矸石的硫分较高，达到 13.64%，并且煤矸石中的硫分以无机硫为主，无机硫含量高达 94.43%，说明可以通过按密度分选的方法提取其中的有用硫分。

表 3-49 煤矸石煤质指标

样品名称	硫分/%	灰分/%	低位发热量/MJ · kg^{-1}
煤矸石原样	13.64	69.87	5.47

表 3-50 煤矸石形态硫分析

样品名称	全硫/%	硫酸盐硫/%	硫化铁硫/%	有机硫/%	无机硫含量/%
煤矸石原样	13.64	0.13	12.75	0.76	94.43

B 煤矸石破碎筛分实验

对煤矸石按 25mm、13mm、8mm 的粒度分别进行破碎实验，并对煤矸石原样、25mm 破碎级、13mm 破碎级、8mm 破碎级进行了筛分实验，实验结果见表 3-51，不同破碎粒级的粒度组成曲线如图 3-21 所示。可以看出，破碎粒级越小，产生的细颗粒产物比例越大；这容易对入料的分选环境产生不利影响，降低分选精度。

表 3-51 煤矸石破碎筛分实验

粒级 /mm	原样累计产率 /%	粒级 /mm	25mm 破碎级累计产率 /%	粒级 /mm	13mm 破碎级累计产率 /%	粒级 /mm	8mm 破碎级累计产率 /%
<1	2.54	<1	4.82	<1	5.31	<1	7.35
1~3	3.51	1~3	7.55	1~3	11.58	1~3	24.65
3~6	5.5	3~6	10.83	3~6	18.3	3~6	47.09
6~13	20.37	6~13	30.59	6~13	100.00	6~8	100.00
13~25	69.21	13~25	100.00				
25~50	100.00						

C 入料粒度的确定

对 25mm 破碎级、13mm 破碎级、8mm 破碎级煤矸石样品分别进行了密度为 2.8g/cm^3 的高密度浮沉试验，并对浮沉产物进行了煤质指标检测，实验结果见表 3-52。

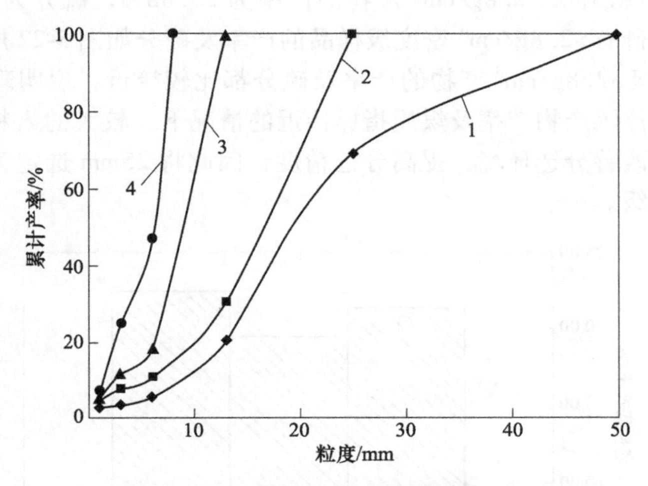

图 3-21 不同破碎粒级粒度组成曲线

1—50mm；2—25mm；3—13mm；4—8mm

表 3-52 不同破碎粒级煤矸石 2.8g/cm³ 密度级浮沉试验结果

破碎粒度/mm	粒级/mm	密度级/g·cm^{-3}	产率/%	硫分/%	灰分/%	低位发热量/MJ·kg^{-1}
25	25~0.5	>2.8	22.50	37.03	66.56	4.54
		<2.8	77.50	5.39	72.75	5.24
		合计	100.00	12.51	71.36	5.08
	<0.5		5.34	6.62	38.57	19.20
	总计		100.00	12.20	69.61	5.83
13	13~0.5	>2.8	20.65	36.98	66.49	4.59
		<2.8	79.35	5.16	73.65	5.09
		合计	100.00	11.73	72.17	4.99
	<0.5		5.58	7.18	45.64	15.87
	总计		100.00	11.48	70.69	5.60
8	8~0.5	>2.8	23.88	35.91	67.82	4.17
		<2.8	76.12	5.23	74.38	4.80
		合计	100.00	12.56	72.81	4.65
	<0.5		6.57	9.97	60.06	9.79
	总计		100.00	12.39	71.97	4.99

通过实验结果分析可知，25mm 破碎级>2.8g/cm³ 产物的产率为 22.50%，硫分为 37.03%；13mm 破碎级>2.8g/cm³ 产物的产率为 20.65%，硫分为

36.98%，8mm 破碎级>2.8g/cm³ 产物的产率为 23.88%，硫分为 35.91%，不同破碎粒级煤矸石>2.8g/cm³ 密度级样品的产率及硫分如图 3-22 所示，可以看出，3 种破碎级>2.8g/cm³ 产物的产率及硫分都比较接近，说明理论分选效果差距不大，在浮沉产物产率及煤质指标接近的情况下，较大的入料粒度可以减少破碎能耗，改善分选环境，提高分选精度，因此将 25mm 选定为渝能官仓煤矸石的破碎粒级。

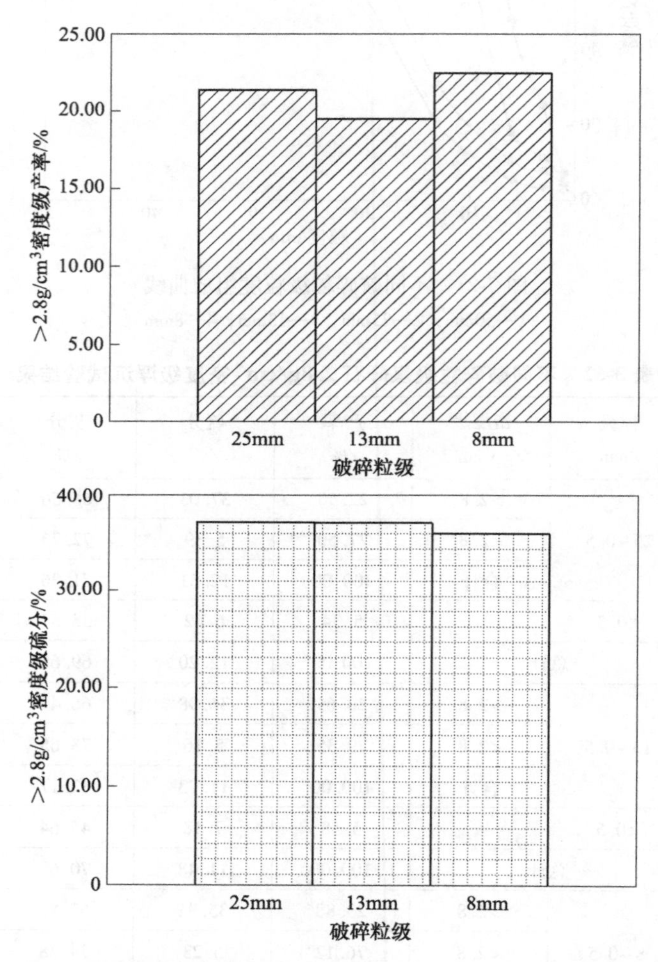

图 3-22　不同破碎粒级煤矸石>2.8g/cm³ 密度级样品的产率及硫分

不同粒级产生的沸腾煤的煤质指标见表 3-53，各指标随破碎粒度的变化如图 3-23 所示。可以看出，不同破碎级，选后沸腾煤各指标数值相差不大；随着破碎粒度减小，产出的沸腾煤发热量逐步减小，灰分逐步增加，产率及硫分变化无明显规律。

表 3-53 不同破碎粒级产生沸腾煤的煤质指标

破碎粒级 /mm	产率 /%	硫分 /%	灰分 /%	低位发热量 /MJ·kg^{-1}
25	78.70	5.47	70.43	6.19
13	80.50	5.30	71.71	5.84
8	77.69	5.63	73.17	5.22

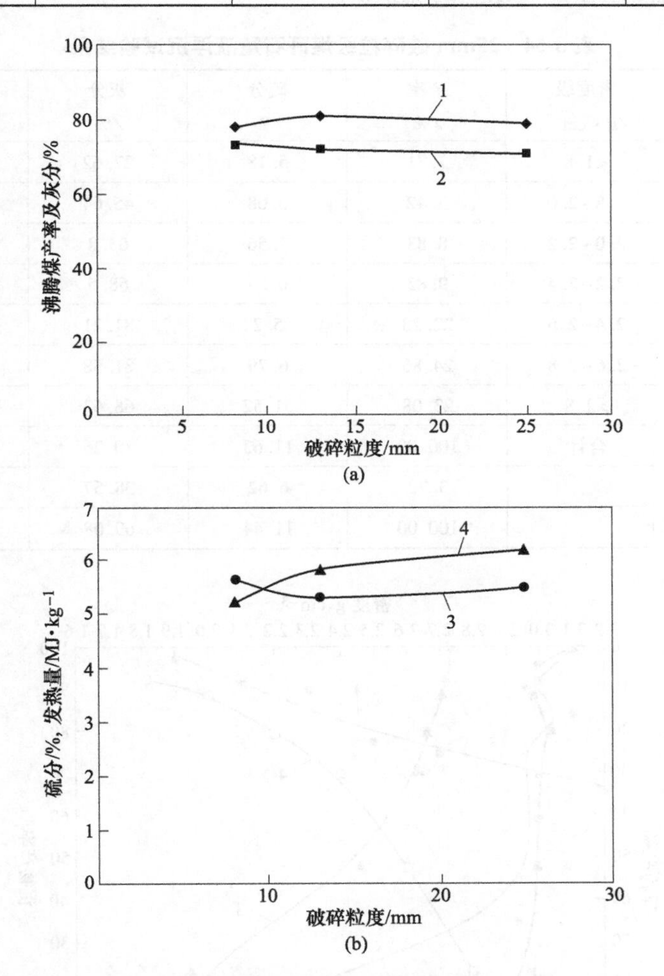

图 3-23 沸腾煤不同指标随破碎粒度的变化

（a）沸腾煤及灰分随破碎粒度的变化；（b）沸腾煤硫分及发热量随破碎粒度的变化

1—沸腾煤产率；2—灰分；3—硫分；4—发热量

D 可选性分析

对 25mm 破碎粒级进行了系统的高密度浮沉实验及浮沉产物的煤质指标检

测，实验结果见表 3-54，根据实验结果，绘制了渝能官仓煤矸石的可选性曲线，如图 3-24 所示。因取样具有一定的随机性，本次实验>2.8g/cm^3 产物的产率和硫分同前次实验有一定差距，但在可控范围内。通过可选性曲线可知，当产出硫铁矿硫分为 30%时，理论分选密度为 2.78g/cm^3，理论产率为 23%，此时的临近密度物含量为 25%，可选性为较难选，这说明当分选密度大于 2.78g/cm^3 时，理论上可以获得硫品位在 30%以上的硫铁矿。

表 3-54　25mm 破碎粒级煤矸石重液浮沉试验结果

粒级 /mm	密度级 /g · cm^{-3}	产率 /%	硫分 /%	灰分 /%	低位发热量 /MJ · kg^{-1}
25~0.5	<1.8	7.71	5.18	27.62	23.68
	1.8~2.0	3.42	6.08	45.64	15.98
	2.0~2.2	8.83	2.56	63.8	9.02
	2.2~2.4	9.82	6.85	68.5	6.76
	2.4~2.6	22.28	5.2	81.21	2.31
	2.6~2.8	24.86	6.79	81.58	1.44
	>2.8	23.08	31.52	68.62	4.28
	合计	100.00	11.63	70.26	5.69
<0.5		3.72	6.62	38.57	19.2
总计		100.00	11.44	69.08	6.19

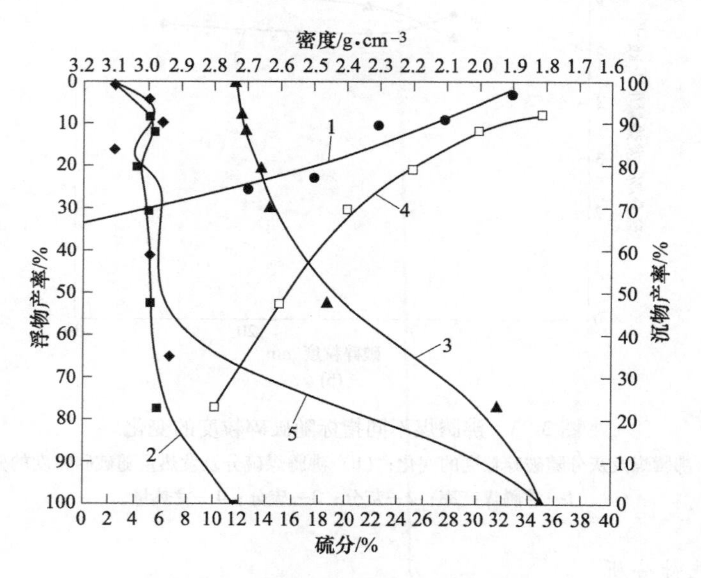

图 3-24　渝能官仓煤矸石可选性曲线

1—硫分特性曲线；2—浮物曲线；3—沉物曲线；4—密度曲线；5—临近密度物曲线

3.3.2.3 经济效益分析

因西南地区小矿较多，各矿产生的煤矸石物化性质不同，实际经济效益应以各矿分选效果为依据并结合当地硫铁矿销售及矸石自备电厂建设情况，进行综合计算。该项技术的推广还可带来如下利益：有效利用煤矸石热值、回收煤矸石中有用成分；减少其对土地资源占用和环境污染；缓解当前制酸硫源供应紧张的局面，为化肥工业提供紧缺的原料，避免资源浪费及矸石山自燃所引起的风险；该技术符合国家节能减排的大方向，有利于发展循环经济，提高资源利用效率，促进煤矿安全生产，是节能减排的有效途径，可解决一系列困扰煤炭、电力等能源企业的难题，实现经济效益、社会效益和环境效益的有机统一。

4 石子煤高效分离复合式干法分选技术

燃煤电厂中速磨产生的石子煤具有灰分高、发热量低、温度高、硬度大、含硫高等特点，难以进行有效处理。部分电厂采用特制的制粉系统来粉碎石子煤，然后和优质煤粉进行掺烧发电的，不过特制的制粉系统需要高昂的投资及运行、管理费用，并且和优质煤粉进行掺烧，需相应提高优质煤粉的质量等级，因此这种选择并不合适。另外，由于石子煤易与空气发生氧化放热，堆存时易自燃，造成环境污染，并带来了一定的安全隐患。石子煤中仍含有一定的优质煤炭资源，以较低的价格外售，不仅对资源造成浪费，更对企业的经济效益造成巨大损失。如果采用先进的石子煤高效分离回收技术对石子煤进行分选，排出其中的矸石，从而获得符合电厂入炉煤指标的煤炭资源，这样不仅可显著减少煤炭损失、降低电厂燃煤耗量、提高燃料利用率、节约成本，而且分选后煤中硫含量明显降低，且堆存时不易自燃，这对减少环境污染具有重要意义。本章讲述针对内蒙古卓资火电厂石子煤产出状况进行了仔细调研和大量样品化验分析，并利用燃煤电厂石子煤高效分离回收技术，通过对石子煤进行喷水降温及高效分选回收其中的精煤，可以有效解决石子煤综合利用难及对环境造成污染的问题。

4.1 石子煤分选原理及理论依据

4.1.1 石子煤高效分离回收技术原理

燃煤电厂石子煤高效分离回收技术是一种专门针对燃煤电厂石子煤研发设计的高效分离系统，该系统可对高密度矿物含量较多的难分离物料进行高效分离，不仅能对石子煤进行有效分选，还可用于煤炭干法分选等领域。此次石子煤半工业性试验及工业性试验均采用复合式干法分选技术进行。燃煤电厂石子煤高效分离系统包含喷水降温处理、6mm 筛分工艺、干法分选、控制系统、除尘等核心技术，并对关键工艺及技术进行了创新性研发设计。中速磨产生的石子煤首先经过喷水降温处理，避免石子煤温度过高产生自燃并影响后续处理环节；经降温处理后的石子煤经过 6mm 筛孔振动筛进行筛分，筛除影响分选效果的<6mm 末煤；筛上物进入矿物高效分离设备进行干法分选，分选环节增置中煤再选工艺，有效提高了分选精度，不同密度石子煤在分离床上进行阶梯式旋转运动，在每个阶梯区间进行多次重复分离，最终实现高低密度物的高效分选；筛分及分选系统配有

除尘装置，减少粉尘污染，保护环境。

对于复合式干法分选，入选物料给入具有一定纵向和横向倾角的分选床，振动器带动分选床振动，使底层物料向背板方向运动，而床层表面的煤在重力作用下沿床层表面下滑。由于入料的压力，使不断翻转的物料形成螺旋运动向矸端移动。因床面宽度逐渐减缩，低密度物料从床层表面下滑，通过排料挡板使最上层煤不断排出；而高密度物料则以小螺旋运动逐渐集中到矸石端排出。床面上的格条对底层物料的运动起导向作用，从而使整个床层物料形成有规律的螺旋运动。格条之间均匀分布的垂直风孔使物料每经过一次螺旋运动都受到一次风力分选作用，这样，从给料端到矸石端物料将进行多次风力分选，从而使精煤质量有所提高。

4.1.2 理论依据

4.1.2.1 床层底部物料向 x 正方向的运动方程

床层底部物料向 x 正方向的运动方程如下：

$$m\frac{\mathrm{d}v_x}{\mathrm{d}t} = S_x - G_x - F_x = S\cos\delta - G\sin\alpha - (G_z - W - S_z)f$$

$$= mk^2\lambda\sin O\cos\delta - \frac{\pi}{6}d^3(\rho_s - \rho)g\sin\alpha -$$

$$\left[\frac{\pi}{6}d^3(\rho_s - \rho)g\cos\alpha - jd^2v_{风}^2\rho - mk^2\lambda\sin O\sin\delta\right]f$$

式中，m 为颗粒物料的质量；v_x 为颗粒物料的速度；S_x 为振动惯性力；G_x 为颗粒物料的重力；F_x 为颗粒物料所受的摩擦力；δ 为振动方向角，即床体振动方向与床体底平面的夹角；α 为分选床面的横向倾角；W 为风力；f 为颗粒物料的动摩擦系数；k 为分选机床体振动的角频率；λ 为分选机床体振动的振幅；O 为分选床振动源的振动相位角；d 为颗粒物料的当量直径；ρ_s 为颗粒物料的密度；ρ 为气体介质（即空气）的密度；j 为阻力系数，它是雷诺数的函数；$v_{风}$为风速。

4.1.2.2 床层上部物料向 x 反方向的运动方程

床层上部物料向 x 反方向的运动方程如下：

$$m\frac{\mathrm{d}v_x}{\mathrm{d}t} = T_x + G_x - F_x = k_1S\cos\delta + G\sin\alpha - (G_z - W - S_z)f$$

$$= k_1mk^2\lambda\sin O\cos\delta + \frac{\pi}{6}d^3(\rho_s - \rho)g\sin\alpha -$$

$$\left[\frac{\pi}{6}d^3(\rho - \rho)g\cos\alpha - jd^2v_{风}^2\rho - mk^2\lambda\sin O\sin\delta\right]f$$

式中，T_x 为上部颗粒物料所受的床体背板的反推力；k_1 为修正系数。

4.2 石子煤干法分选实验室分选实验

为研究卓资电厂石子煤的可选性，并确定石子煤的分选方法，选取卓资电厂有代表性的石子煤样进行了形态硫分析、筛分实验、浮沉实验及各粒度级、密度级煤样的煤质指标检测，通过所得的实验数据，并结合矿物分离机的实际分选效果指标，对该石子煤样的可选性及分选效果进行了分析及预测。

4.2.1 石子煤形态硫分析

通过表 4-1 的检测结果可以看出，磨煤机石子煤所含硫分主体为无机硫，有机硫含量很少，因此采用煤炭分选技术对石子煤进行硫分及灰分的脱除是可行的。

表 4-1 磨煤机石子煤样形态硫分析 (%)

矿 样	全硫	硫酸盐硫	硫化铁硫	有机硫	无机硫含量
磨煤机石子煤原石子煤	12.93	0.07	12.60	0.25	97.99
磨煤机石子煤>6mm	12.62	0.06	12.54	0.02	99.84
磨煤机石子煤<6mm	13.74	0.04	13.62	0.08	99.42

4.2.2 煤炭分选技术的选择

煤炭分选技术分为多种，常用的为湿法选煤技术和干法选煤技术。湿法选煤技术存在投资较大、投资回收期较长、厂房占地面积大、运行成本高等缺点，而干法选煤则具有不用水、工艺及操作简便、无煤泥水处理环节、占地面积小、投资较少等优点；结合电厂实际情况，选择干法分选技术对燃煤电厂石子煤进行高效分离。

4.2.3 筛分实验及浮沉实验

卓资电厂入炉煤热值要求大于 4000kcal（1kcal = 4186.8J），因此需要对石子煤样煤质资料进行分析，并结合矿物高效分离装置的实际分选效果指标，对该石子煤样的分选效果进行了预测，考察该技术的可行性。

4.2.3.1 筛分实验

对磨煤机石子煤进行了筛分实验（筛孔尺寸为 6mm），得到了筛上物（>6mm）及筛下物（<6mm）煤样的产率，并对原石子煤、筛上物（>6mm）煤样、筛下物（<6mm）煤样的灰分、硫分、发热量进行了测试，实验结果见表 4-2。

表 4-2 磨煤机石子煤筛分实验

粒度级 /mm	产率 /%	灰分 /%	硫分 /%	高位发热量 /kcal	低位发热量 /kcal
原石子煤	100.00	69.01	12.93	1439	1352
>6	34.09	68.80	12.62	1487	1398
<6	65.91	70.48	13.74	1317	1243

由表 4-2 可以看出，石子煤原样灰分 69.01%，硫分 12.93%，低位发热量 1352kcal，硫分及灰分极高，并且具有一定的发热量；<6mm 煤样的产率较大，高达 65.91%，并且灰分和硫分均高于>6mm 煤样，发热量低于>6mm 煤样。

4.2.3.2 >6mm 浮沉实验

对卓资>6mm 石子煤进行浮沉实验，并对实验后各密度级煤样进行灰分、硫分、发热量等测试，实验结果见表 4-3。由表 4-3 可知，<1.4g/cm^3 煤样产率相对较大，为 14.49%，且灰分和硫分很低，分别为 7.56%和 0.42%，低位发热量高达 5970kcal/kg；随着密度级的增加，灰分逐步增大，硫分整体呈增大趋势，发热量整体呈下降趋势；通常将>1.8g/cm^3 的煤样定义为矸石，从表 4-3 可以看出，1.8~2.0g/cm^3 密度级的煤样产率较小，仅为 3.02%，而>2.0g/cm^3 煤样的产率很大，为 70.42%，且硫分和灰分明显高于 1.8~2.0g/cm^3 煤样，发热量远低于 1.8~2.0g/cm^3 煤样，因此将>2.0g/cm^3 矸石除去后，可大幅提高>6mm 石子煤样的发热量，降低石子煤样的灰分和硫分。

表 4-3 磨煤机石子煤>6mm 煤样浮沉实验

密度级 /g·cm^{-3}	产率 /%	灰分 /%	硫分 /%	高位发热量 /kcal	低位发热量 /kcal
<1.4	14.49	7.56	0.42	6809	5970
1.4~1.6	7.04	25.97	0.61	5227	4747
1.6~1.8	5.03	55.88	2.89	1960	1809
1.8~2.0	3.02	59.64	5.77	2290	2113
>2.0	70.42	77.13	15.65	743	693

4.2.4 石子煤分选效果预测

根据所得煤质资料对>6mm 石子煤矿物高效分离装置的分选效果进行预测，预测标准：矿物高效分离装置选后产出精煤、矸石两产品；干法分选不完善度 l 值为 0.10。表 4-4~表 4-8 分别是分选密度为 1.8g/cm^3、1.9g/cm^3、2.0g/cm^3、2.1g/cm^3、2.2g/cm^3 时的预测结果。

表 4-4　分选密度为 1.8g/cm³ 时干法分选预测结果

密度级 /g·cm⁻³	平均密度 /g·cm⁻³	原石子煤产率 /%	精煤产率 /%	精煤硫分 /%	精煤灰分 /%	精煤低位发热量 /kcal	矸石产率 /%	矸石硫分 /%	矸石灰分 /%	矸石低位发热量 /kcal
<1.4	1.3	14.49	14.49	0.42	7.56	5970	0.00	0.42	7.56	5970
1.4~1.6	1.5	7.04	7.04	0.61	25.97	4747	0.00	0.61	25.97	4747
1.6~1.8	1.7	5.03	4.11	2.89	55.88	1809	0.92	2.89	55.88	1809
1.8~2.0	1.9	3.02	0.65	5.77	59.64	2113	2.37	5.77	59.64	2113
>2.0	2.3	70.42	0.04	15.65	77.13	693	70.38	15.65	77.13	693
合计		100.00	26.33	1.01	21.42	4890	73.67	15.17	76.30	753

表 4-5　分选密度为 1.9g/cm³ 时干法分选预测结果

密度级 /g·cm⁻³	平均密度 /g·cm⁻³	原石子煤产率 /%	精煤产率 /%	精煤硫分 /%	精煤灰分 /%	精煤低位发热量 /kcal	矸石产率 /%	矸石硫分 /%	矸石灰分 /%	矸石低位发热量 /kcal
<1.4	1.3	14.49	14.49	0.42	7.56	5970	0.00	0.42	7.56	5970
1.4~1.6	1.5	7.04	7.04	0.61	25.97	4747	0.00	0.61	25.97	4747
1.6~1.8	1.7	5.03	4.80	2.89	55.88	1809	0.23	2.89	55.88	1809
1.8~2.0	1.9	3.02	1.51	5.77	59.64	2113	1.51	5.77	59.64	2113
>2.0	2.3	70.42	0.46	15.65	77.13	693	69.96	15.65	77.13	693
合计		100.00	28.30	1.42	24.24	4668	71.70	15.40	76.69	726

表 4-6　分选密度为 2.0g/cm³ 时干法分选预测结果

密度级 /g·cm⁻³	平均密度 /g·cm⁻³	原石子煤产率 /%	精煤产率 /%	精煤硫分 /%	精煤灰分 /%	精煤低位发热量 /kcal	矸石产率 /%	矸石硫分 /%	矸石灰分 /%	矸石低位发热量 /kcal
<1.4	1.3	14.49	14.49	0.42	7.56	5970	0.00	0.42	7.56	5970
1.4~1.6	1.5	7.04	7.04	0.61	25.97	4747	0.00	0.61	25.97	4747
1.6~1.8	1.7	5.03	4.99	2.89	55.88	1809	0.04	2.89	55.88	1809
1.8~2.0	1.9	3.02	2.30	5.77	59.64	2113	0.72	5.77	59.64	2113
>2.0	2.3	70.42	2.72	15.65	77.13	693	67.70	15.65	77.13	693
合计		100.00	31.54	2.56	29.11	4302	68.46	15.54	76.93	709

表 4-7 分选密度为 2.1g/cm³ 时干法分选预测结果

密度级 /g·cm⁻³	平均 /g·cm⁻³	原石子煤产率 /%	精煤产率 /%	精煤硫分 /%	精煤灰分 /%	精煤低位发热量 /kcal	矸石产率 /%	矸石硫分 /%	矸石灰分 /%	矸石低位发热量 /kcal
<1.4	1.3	14.49	14.49	0.42	7.56	5970	0.00	0.42	7.56	5970
1.4~1.6	1.5	7.04	7.04	0.61	25.97	4747	0.00	0.61	25.97	4747
1.6~1.8	1.7	5.03	5.02	2.89	55.88	1809	0.01	2.89	55.88	1809
1.8~2.0	1.9	3.02	2.76	5.77	59.64	2113	0.26	5.77	59.64	2113
>2.0	2.3	70.42	9.15	15.65	77.13	693	61.27	15.65	77.13	693
合计		100.00	38.46	4.78	37.53	3671	61.54	15.61	77.05	699

表 4-8 分选密度为 2.2g/cm³ 时干法分选预测结果

密度级 /g·cm⁻³	平均 /g·cm⁻³	原石子煤产率 /%	精煤产率 /%	精煤硫分 /%	精煤灰分 /%	精煤低位发热量 /kcal	矸石产率 /%	矸石硫分 /%	矸石灰分 /%	矸石低位发热量 /kcal
<1.4	1.3	14.49	14.49	0.42	7.56	5970	0.00	0.42	7.56	5970
1.4~1.6	1.5	7.04	7.04	0.61	25.97	4747	0.00	0.61	25.97	4747
1.6~1.8	1.7	5.03	5.02	2.89	55.88	1809	0.00	2.89	55.88	1809
1.8~2.0	1.9	3.02	3.00	5.77	59.64	2113	0.02	5.77	59.64	2113
>2.0	2.3	70.42	20.75	15.65	77.13	693	49.67	15.65	77.13	693
合计		100.00	50.30	7.29	46.76	2977	49.69	15.65	77.12	694

4.2.5 不同石子煤的分选效果

通过上述分析结果，再结合<6mm 煤样的灰分、硫分、发热量，对预测的最终结果进行归纳，因<6mm 煤样灰分、硫分高，热值低，且矿物高效分选装置无法对其进行有效分选，因此选择将其并入矸石，而对>6mm 煤样中的精煤进行回收利用，经分析计算得出最终分选效果，见表 4-9，精煤硫分及热值随分选密度的变化规律如图 4-1 所示。

表 4-9 不同分选密度下的分选效果预测

分选密度 /g·cm⁻³	精煤产率 /%	精煤灰分 /%	精煤全硫 /%	精煤热值 /kcal	脱灰率 /%	脱硫率 /%	矸石灰分 /%	矸石全硫 /%	矸石热值 /kcal
1.8	8.98	21.42	1.01	4890	69.36	92.44	72.09	14.13	1108
1.9	9.65	24.24	1.42	4668	65.33	89.37	72.16	14.19	1103
2.0	10.75	29.11	2.56	4302	58.36	80.84	72.17	14.21	1103

续表 4-9

分选密度 /g · cm^{-3}	精煤产率 /%	精煤灰分 /%	精煤全硫 /%	精煤热值 /kcal	脱灰率 /%	脱硫率 /%	矸石灰分 /%	矸石全硫 /%	矸石热值 /kcal
2. 1	13. 11	37. 53	4. 78	3671	46. 31	64. 22	72. 07	14. 19	1112
2. 2	17. 15	46. 76	7. 29	2977	33. 11	45. 43	71. 84	14. 13	1131

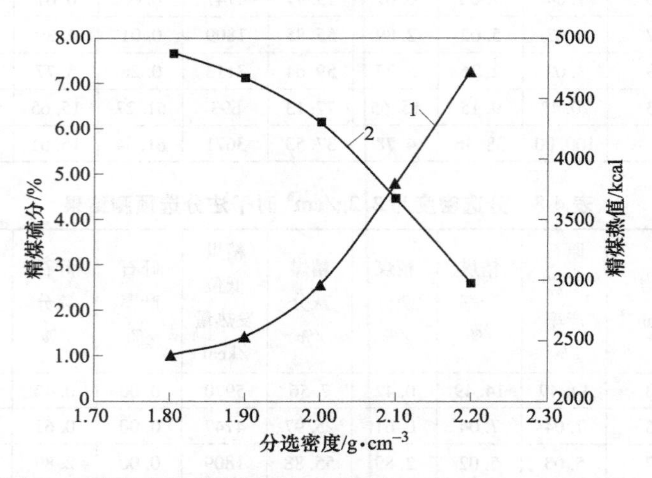

图 4-1　精煤硫分及热值随分选密度的变化（1kcal = 4186. 8J）

1—精煤硫分；2—精煤热值

通过表 4-9 和图 4-1 可以看出，随着分选密度的升高，精煤硫分逐渐上升，精煤热值逐步降低。因矿物高效分离装置的主要分选密度波动区间为 1. 8~2. 0g/cm^3，因此可重点对此区间的分选效果进行分析，当分选密度为 1. 8g/cm^3 时，精煤硫分较低，仅为 1. 01%，灰分为 21. 42%，发热量为 4890kcal/kg，脱硫率高达 92. 44%，脱灰率为 69. 36%，可见此分选密度下选出的精煤质量很高，并且 > 6mm 石子煤属于易选煤，设备对其的分选效率也很高；但精煤产率相对较低，为 8. 98%。当分选密度提高至 2. 0g/cm^3 时，精煤硫分为 2. 56%，灰分为 29. 11%，发热量为 4302kcal/kg，脱硫率为 80. 84%，脱灰率为 58. 36%，此分选密度下选出的精煤质量也较好，并且精煤产率提高至 10. 75%。

4. 3　石子煤干法分选半工业性分选试验

为了验证卓资电厂石子煤实验室可选性分析结果的准确性，同时确定石子煤高效分离系统工艺，选取卓资电厂有代表性的石子煤样进行了复合式干法分选半工业性分选试验。

4.3.1　筛分及浮沉试验

对磨煤机石子煤进行了筛分及浮沉试验，试验结果见表4-10~表4-12，同前期筛分试验结果表4-2进行对比，可见两次所取石子煤样的煤质指标差别不大，但此次石子煤中>6mm粒级的含量由上次的34.09%提升到51.48%。通过原石子煤浮沉试验可知<1.8g/cm³的含量为10.50%，灰分均值为15.49%，硫分均值为1.04%，发热量均值为4264kcal，满足入炉要求。

表4-10　磨煤机石子煤原样筛分试验

粒度级 /mm	产率 /%	灰分 /%	硫分 /%	高位发热量 /kcal	低位发热量 /kcal
原样	100.00	65.63	13.11	1751	1511
>6	51.48	68.78	11.52	1586	1372
<6	48.52	70.21	14.40	1390	1210

表4-11　磨煤机石子煤原样浮沉试验结果

密度级 /g·cm⁻³	产率 /%	全水 /%	灰分 /%	硫分 /%	高位发热量 /kcal	低位发热量 /kcal
<1.4	5.79	18.40	7.51	0.65	5796	4621
1.4~1.6	3.20	16.72	19.30	1.47	5382	4281
1.6~1.8	1.51	15.60	37.99	1.64	3428	2862
>1.8	89.50	3.28	76.40	14.55	832	741
合计	100.00					

表4-12　磨煤机石子煤原样浮沉试验分级累计结果

密度级 /g·cm⁻³	产率 /%	全水 /%	灰分 /%	硫分 /%	高位发热量 /kcal	低位发热量 /kcal
<1.4	5.79	18.40	7.51	0.65	5796	4621
<1.6	8.99	17.80	11.71	0.94	5649	4500
<1.8	10.50	17.49	15.49	1.04	5329	4264
全级	100.00	4.77	69.99	13.13	1305	1112

4.3.2　不同粒级石子煤分选效果

4.3.2.1　石子煤全粒级分选结果

对石子煤进行了全粒级入选，分选结果见表4-13和表4-14，通过分析可知，第1段精煤产品的产率较高，为22.32%，但该段产品煤质指标相对较差，灰分为

42.89%，硫分为3.88%，热值为2942kcal，可见石子煤全粒级入选效果不理想。

表4-13 磨煤机石子煤全粒级半工业性分选试验分段煤样煤质指标

产品名称	产率/%	全水/%	灰分/%	硫分/%	高位发热量/kcal	低位发热量/kcal
原样		6.70	65.63	13.11	1751	1511
1段	22.32	12.02	42.89	3.88	3534	2942
2段	17.13	5.98	69.00	5.97	1469	1262
3段	11.26	4.89	73.52	8.50	1108	983
4段	16.18	3.68	74.95	11.19	956	852
5段	33.11	2.34	76.04	21.09	782	702
合计	100.00					

表4-14 磨煤机石子煤全粒级半工业性分选试验分段煤样累计结果

产品名称	产率/%	全水/%	灰分/%	硫分/%	高位发热量/kcal	低位发热量/kcal
前1段	22.32	12.02	42.89	3.88	3534	2942
前2段	39.45	9.40	54.23	4.79	2637	2213
前3段	50.71	8.40	58.51	5.61	2298	1940
前4段	66.89	7.26	62.49	6.96	1973	1676
全5段	100.00	5.63	66.97	11.64	1579	1354

4.3.2.2 >6mm石子煤分选结果

对>6mm石子煤进行了干法分选，分选结果见表4-15和表4-16，可知仅第1段产品煤质指标满足要求；将<6mm石子煤算作矸石，通过加权计算可得表4-17，精煤产品灰分为26.14%，硫分为2.34%，热值为4080kcal，满足预期精煤产品煤质要求，产率为5.93%，低于前期预测结果（见表4-9），这是因为实际分选效果与理论计算会存在一定偏差，再加上分选样品的煤质特点跟磨机的运行状况、取样及煤质变化都有密切联系。

表4-15 卓资>6mm石子煤半工业性分选试验分段煤样煤质指标

产品名称	产率/%	全水 M_t/%	灰分 A_d/%	硫分 $S_{t,d}$/%	高位发热量/kcal	低位发热量/kcal
原石子煤		6.06	68.78	11.52	1586	1372
1段	11.52	13.02	26.14	2.34	4897	4080
2段	8.00	8.10	52.98	4.24	2752	2393
3段	9.00	4.88	71.73	6.12	1343	1194

续表 4-15

产品名称	产率/%	全水 M_t/%	灰分 A_d/%	硫分 $S_{t,d}$/%	高位发热量/kcal	低位发热量/kcal
4 段	11.75	3.09	75.60	10.92	938	834
5 段	59.73	2.19	75.78	17.10	801	713
合计	100.00					

表 4-16 卓资>6mm 石子煤半工业性分选试验分段煤样累计结果

产品名称	产率/%	全水/%	灰分/%	硫分/%	高位发热量/kcal	低位发热量/kcal
前 1 段	11.52	13.02	26.14	2.34	4897	4080
前 2 段	19.52	11.00	37.14	3.12	4018	3389
前 3 段	28.52	9.07	48.06	4.07	3174	2696
前 4 段	40.27	7.33	56.09	6.07	2521	2153
全 5 段	100.00	4.26	67.85	12.66	1494	1293

表 4-17 >6mm 石子煤半工业性分选效果（<6mm 算作矸石）

精煤产率/%	精煤灰分/%	精煤全硫/%	精煤热值/kcal · kg^{-1}	脱灰率/%	脱硫率/%	矸石灰分/%	矸石全硫/%	矸石热值/kcal · kg^{-1}
5.93	26.14	2.34	4080	60.17	82.15	71.70	14.21	1074

4.3.2.3 <6mm 石子煤分选结果

对<6mm 石子煤进行了干法分选，分选结果见表 4-18 和表 4-19，可知第 1 段精煤产品灰分为 58.40%，硫分为 4.86%，热值为 2019kcal，可判断该设备无法对<6mm 石子煤进行有效分选。

表 4-18 卓资<6mm 石子煤半工业性分选试验分段煤样煤质指标

产品名称	产率/%	全水 M_t/%	灰分 A_d/%	硫分 $S_{t,d}$/%	高位发热量 $Q_{gr,d}$/kcal	低位发热量 $Q_{net,ar}$/kcal
原样		4.13	70.21	14.40	1390	1210
1 段	27.46	10.04	58.40	4.86	2393	2019
2 段	15.24	4.07	76.64	11.59	932	816
3 段	17.35	3.85	76.70	11.87	898	785
4 段	19.97	3.47	75.63	15.69	910	801
5 段	19.98	1.68	70.90	25.02	1077	991
合计	100.00					
除尘器煤粉		9.90	51.07	4.48	2944	2508

表 4-19　卓资<6mm 石子煤半工业性分选试验分段煤样累计结果

产品名称	产率/%	全水/%	灰分/%	硫分/%	高位发热量/kcal	低位发热量/kcal
前 1 段	27.46	10.04	58.40	4.86	2393	2019
前 2 段	42.70	7.91	64.91	7.26	1872	1590
前 3 段	60.05	6.74	68.32	8.59	1590	1357
前 4 段	80.02	5.92	70.14	10.36	1421	1218
全 5 段	100	5.07	70.29	13.29	1352	1173

4.4　石子煤干法分选工业性试验研究

4.4.1　石子煤干法分选工业性试验系统

根据石子煤半工业性试验结果分析，制定了石子煤干法分选工艺流程，石子煤先进入筛孔为 6mm 的振动筛进行分级，>6mm 的筛上物进入石子煤高效分离装置进行分选，<6mm 的物料及选出的精煤、矸石各自堆存。卓资热电有限公司工程建设规模为 4×200W 空冷机组，磨煤机石子煤年产量约 9000t；电厂正常进煤的热值一般高于 4000kcal，硫分低于 1.4%。选择采用处理量为 10t/h 的石子煤高效分离装置进行石子煤的分选作业。根据石子煤煤质资料分析结果，石子煤进入石子煤高效分离装置前需加设筛分设备，设计安置处理量为 20t/h 筛分设备对产出的石子煤进行连续筛分作业，筛上物进入石子煤高效分离装置进行分选，筛下物单独堆存。

石子煤高效分离系统包括喷水降温系统、石子煤上料系统、筛分系统、矿物高效分离装置、除尘系统、产品输送系统和控制系统等；喷水降温系统包括石子煤接料斗及喷水装置；上料系统包括受煤斗及给料机；筛分系统包括处理量为 20t/h、筛孔为 6mm 的筛分设备，设备上方安置除尘罩；产品输送系统包括原石子煤皮带、末煤皮带、上煤皮带、矸石皮带、中煤皮带、中煤转载皮带、精煤皮带、粉煤皮带各一条；控制系统包括 PLC 控制柜和运行监控系统。

具体工艺流程如下：由铲车将石子煤铲入受煤斗，受煤斗中的石子煤通过振动给煤机给入原石子煤皮带，进入筛孔为 6mm 的筛分设备进行筛分，筛下物经末煤皮带输送，并落地堆存，筛上物经>6mm 上煤皮带给入石子煤高效分离装置进行分选，选出的精煤产品经精煤皮带输送，落地堆存，选出的矸石产品经矸石皮带输送，落地堆存；产品堆积过多时可通过铲车、卡车运送至指定产品放置区域。矿物分离系统还配置了电脑控制软件，电脑屏幕可显示整套矿物分离系统的设备联系流程图及每台设备的启停状况。石子煤高效分离系统工艺流程图如图 4-2 所示，现场工艺布置如图 4-3 所示。

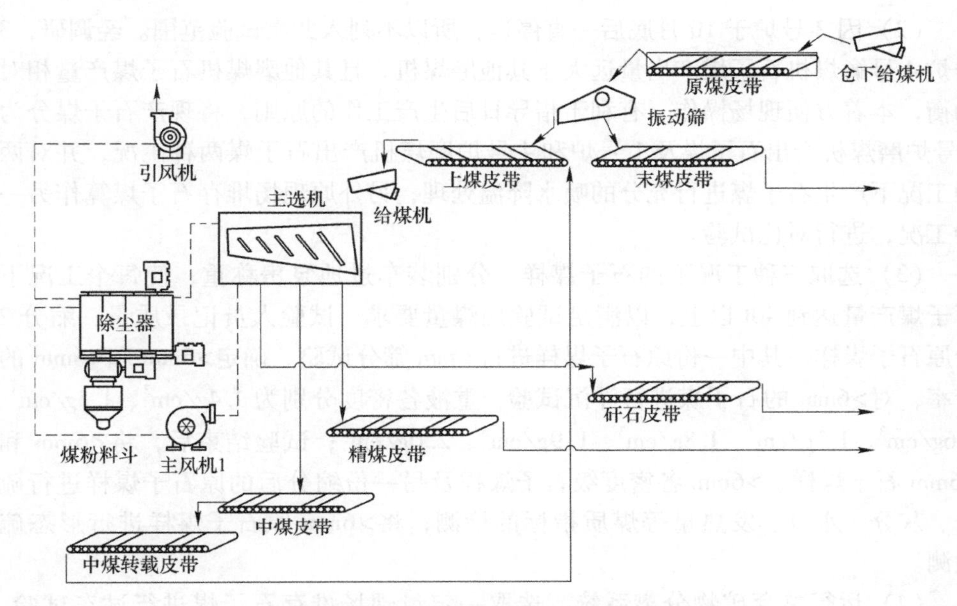

图 4-2　石子煤高效分离系统工艺流程图

图 4-3　石子煤高效分离系统现场工艺布置

4.4.2　试验实施方案

试验实施方案如下。

(1) 检查原料准备系统、给料系统、石子煤高效分离装置、机电控制系统、供风系统、除尘系统、产品输送系统及各系统间的衔接段是否存在安装问题，以确保整套系统运行时，各单一系统可以相互匹配，并且具有较强的关联性。

(2) 因2号炉于10月底后一直停运，所以不列入此次试验范围。经调研，3号炉4号磨煤机石子煤产出量远大于其他磨煤机，且其他磨煤机石子煤产量相对均衡，本着方便现场操作、有利于指导日后生产工作的原则，将现产石子煤分为3号炉磨煤机产出石子煤及1号炉和4号炉磨煤机产出石子煤两种工况，并对两种工况下产生石子煤进行充分的喷水降温处理；另外原现场堆存石子煤算作另一种工况，进行对比试验。

(3) 选取三种工况下的石子煤样，分别装车过地泵房称重，使每个工况下石子煤产量达到40t以上，以满足试验用煤量要求，试验人员记录质量；缩分2份原石子煤样；其中一份原石子煤样进行6mm筛分试验，确定>6mm和<6mm的产率，对>6mm的石子煤进行浮沉试验，重液各密度分别为1.4g/cm^3、1.5g/cm^3、1.6g/cm^3、1.7g/cm^3、1.8g/cm^3、1.9g/cm^3、2.0g/cm^3；试验结束后，将<6mm和>6mm石子煤样、>6mm各密度级石子煤样及另一份缩分后的原石子煤样进行硫分、灰分、水分、发热量等煤质指标的检测；将>6mm原石子煤样进行形态硫检测。

(4) 运行整套矿物分离系统，选取一定量现场堆存石子煤进行试车试验，采用装载机将堆放试验用的石子煤给入受煤斗，通过受煤斗进入筛分设备，筛上物给入石子煤高效分离装置进行设备的初期调试，确定石子煤高效分离装置各风室风量、床面横向及纵向倾角、排料挡板高度及接料槽翻板角度等操纵参数的取值范围。

(5) 石子煤高效分离系统运行稳定后采用落流人工采样法，对精煤、矸石、<6mm细粒煤及矸石混合产品进行时间基采样。落流采样器在传送皮带末端的下落煤流中截取一完整的煤流作为单个子样，单次试验所有子样分别合并为总样，通过对总样称重计算产率；对试验产生的总粉煤量进行称重，以计算粉煤产率；同时对精煤、矸石、<6mm细粒煤、粉煤进行缩分取样，并对各产品的硫分、灰分、水分、发热量进行检测；缩分精煤产品和矸石产品各5kg，进行浮沉试验，得到选后精煤产品和矸石产品的浮沉组成；试验中共取6组精煤、矸石产品，记录取样时设备操作参数及分选状态；根据选后产品的产率、浮沉组成计算出各密度级的分配率，并绘制分配率曲线，通过分配率曲线读取分选密度，计算可能偏差E_P值、不完善度I值，根据>6mm原石子煤浮沉试验的结果及精煤产率计算分选数量效率，考察石子煤矿物高效分离系统的分选效果。

(6) 试验过程中及时将精煤、矸石铲入运输车辆运送至指定存放位置，装载机同时负责试验现场清理工作。

(7) 原现场堆存石子煤分选试验结束后，对3号炉磨煤机产出的经喷水处理的石子煤样进行分选试验，试验过程中对1号炉和4号炉磨煤机产出的经喷水处理的石子煤样进行堆存，并依此进行分选试验，分选试验步骤及操作过程同上。

(8) 注意事项及其他:

1) 确保入选石子煤得到充分的喷水降温;

2) 试验过程可根据实际情况进行相应调整;

3) 如喷水未到达预期效果,再经过现场调试确定最优的喷水方案;

4) 确保电力供应正常,避免因断电影响试验工作进行;

5) 试验工作在指定区域内进行,不得对非试验工作区域造成污染,与试验工作无关人员严禁进入试验场地;

6) 相关工作协调会议以纪要形式确认;

7) 其他未尽事宜或现场需协调的工作,听从生技部总协调人及现场协调人员的安排。

4.4.3 不同石子煤煤质分析

为考察石子煤高效分离系统的分选效果,对1号炉和4号炉喷水石子煤样、3号炉喷水石子煤样、露天石子煤样3种不同入料分别进行了中煤再选和中煤不选两种流程的分选试验,其中1号炉和4号炉喷水石子煤样中含煤量相对较少,编号为B;3号炉喷水石子煤样含煤量相对较高,编号为C;露天石子煤混样为未进行喷水降温处理的石子煤样,其分离效果可同喷水降温处理的石子煤样进行对比,编号为D。结合试验时间及化验样品数量等因素,选取了合适的试验次数,即每组分选试验共进行4次中煤再选试验及2次中煤不选试验,每组样品试验编号分别为B1、B2、B3、B4、B5、B6;C1、C2、C3、C4、C5、C6;D1、D2、D3、D4、D5、D6。为研究原石子煤的可选性,对B、C、D三组石子煤样分别进行了筛分试验、浮沉试验及形态硫分析,并对各粒度级、密度级样品进行了煤质检测,其中浮沉试验及形态硫分析仅针对三组石子煤样中>6mm粒级的样品。

4.4.3.1 B组石子煤样煤质资料分析

A 筛分试验

对B组石子煤进行了筛分试验(筛孔尺寸为6mm),得到了筛上物(>6mm)及筛下物(<6mm)煤样的产率,并对原石子煤、筛上物(>6mm)煤样、筛下物(<6mm)煤样的灰分、硫分、发热量进行了测试,试验结果见表4-20。

表4-20 B组石子煤筛分试验

粒度级/mm	产率/%	灰分/%	硫分/%	低位发热量/kcal
原样	100.00	76.12	9.93	660
>6	62.91	77.54	8.22	629
<6	37.09	73.71	12.84	714

由表 4-20 可以看出，石子煤原样灰分 76.12%，硫分 9.93%，低位发热量 660kcal，硫分及灰分很高，发热量很低；>6mm 煤样的产率较大，为 62.91%，并且灰分和发热量与<6mm 煤样相差不大，但硫分明显低于<6mm 煤样。

B　形态硫分析

对 B 组石子煤>6mm 产品进行了形态硫测试，试验结果见表 4-21，通过检测结果可以看出，该石子煤所含硫分主体为无机硫，占到 89.27%，有机硫含量很少，因此采用石子煤高效分离系统对该石子煤进行分选并回收精煤，是可行的。

表 4-21　样品形态硫分析　（%）

样品名称	全硫	硫酸盐硫	硫化铁硫	有机硫	无机硫含量
B 组>6mm	9.80	0.10	8.64	1.05	89.27

C　浮沉试验

对 B 组>6mm 石子煤进行了浮沉试验，试验结果见表 4-22，并根据试验结果绘制了可选性曲线，如图 4-4 所示。

表 4-22　B 组>6mm 石子煤样浮沉试验结果

密度级 /g·cm^{-3}	本级产率 /%	灰分 /%	浮物累计		沉物累计		分选密度（±0.1）含量	
			产率 /%	灰分 /%	产率 /%	灰分 /%	密度 /g·cm^{-3}	产率 /%
<1.4	1.06	18.02	1.06	18.02	100.00	77.54	1.30	
1.4~1.5	0.89	18.75	1.95	18.35	98.94	78.18	1.40	
1.5~1.6	0.59	29.32	2.54	20.89	98.05	78.72	1.50	
1.6~1.7	0.71	35.03	3.24	23.96	97.46	79.02	1.60	1.32
1.7~1.8	0.62	45.08	3.87	27.37	96.76	79.34	1.70	1.36
1.8~1.9	3.17	48.79	7.04	37.03	96.13	79.56	1.80	3.87
1.9~2.0	0.54	60.52	7.58	38.70	92.96	80.61	1.90	3.79
>2.0	92.42	80.73	100.00	77.54	92.42	80.73		
合计	100.00	77.54						

由表 4-22 和图 4-4 可知，>2.0g/cm^3 样品高达 92.42%，1.8~1.9g/cm^3 密度级产率为 3.17%，其他密度级产率均较小；随着密度级的增加，灰分逐步增大；通过可选性曲线分析，当精煤灰分为 25%时，分选密度为 1.77g/cm^3，分选密度（±0.1）含量为 3%，可判断 B 组>6mm 石子煤属于易选煤样。

4.4.3.2　C 组石子煤样煤质资料分析

A　筛分试验

对 C 组石子煤进行了筛分试验（筛孔尺寸为 6mm），得到了筛上物（>6mm）

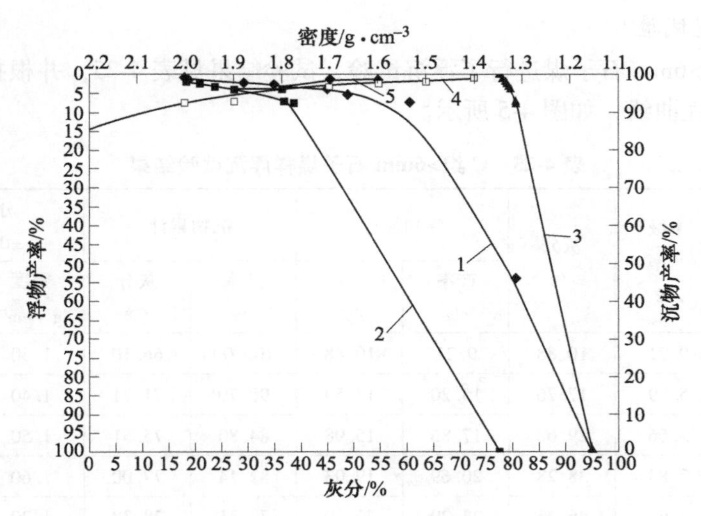

图 4-4 B 组>6mm 石子煤样可选性曲线

1—灰分特性曲线；2—浮物曲线；3—沉物曲线；4—密度曲线；5—临近密度物曲线

及筛下物（<6mm）煤样的产率，并对原石子煤、筛上物（>6mm）煤样、筛下物（<6mm）煤样的灰分、硫分、发热量进行了测试，试验结果见表 4-23。

表 4-23 C 组石子煤筛分试验

粒度级/mm	产率/%	灰分/%	硫分/%	低位发热量/kcal
原样	100.00	65.17	4.17	1453
>6	35.06	66.10	3.13	1519
<6	64.94	64.66	4.73	1417

由表 4-23 可以看出，石子煤原样灰分 65.17%，硫分 4.17%，低位发热量 1453kcal，灰分及硫分较高，并有一定的发热量；<6mm 煤样的产率较大，为 64.94%，并且灰分和发热量与>6mm 煤样相差不大，硫分高于>6mm 煤样。

B 形态硫分析

对 C 组石子煤>6mm 产品进行了形态硫测试，试验结果见表 4-24，通过检测结果可以看出，该石子煤所含硫分主体为无机硫，占到 88.32%，有机硫含量很少，因此采用石子煤高效分离系统对该石子煤进行分选并回收精煤，是可行的。

表 4-24 样品形态硫分析 （%）

样品名称	全硫	硫酸盐硫	硫化铁硫	有机硫	无机硫含量
C 组>6mm	2.91	0.05	2.52	0.34	88.32

C　浮沉试验

对C组>6mm石子煤进行了浮沉试验，试验结果见表4-25，并根据试验结果绘制了可选性曲线，如图4-5所示。

表4-25　C组>6mm石子煤样浮沉试验结果

密度级 /g·cm⁻³	本级产率 /%	灰分 /%	浮物累计		沉物累计		分选密度(±0.1)含量	
			产率 /%	灰分 /%	产率 /%	灰分 /%	密度 /g·cm⁻³	产率 /%
<1.4	9.21	10.88	9.21	10.88	100.00	66.10	1.30	
1.4~1.5	5.99	17.76	15.20	13.59	90.79	71.71	1.40	
1.5~1.6	2.66	29.62	17.86	15.98	84.80	75.51	1.50	
1.6~1.7	2.83	38.28	20.69	19.03	82.14	77.00	1.60	6.47
1.7~1.8	2.61	46.45	23.29	22.10	79.31	78.38	1.70	6.41
1.8~1.9	1.19	54.44	24.48	23.67	76.71	79.47	1.80	4.47
1.9~2.0	1.87	59.62	26.35	26.21	75.52	79.86	1.90	3.60
>2.0	73.65	80.37	100.00	66.10	73.65	80.37		
合计	100.00	66.10						

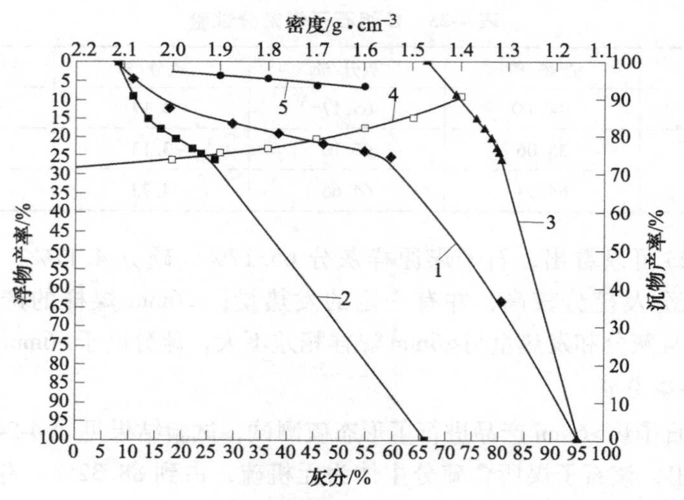

图4-5　C组>6mm石子煤样可选性曲线

1—灰分特性曲线；2—浮物曲线；3—沉物曲线；4—密度曲线；5—临近密度物曲线

由表4-25和图4-5可知，>2.0g/cm³样品高达73.65%，<1.4g/cm³密度级产率为9.21%，1.4~1.5g/cm³密度级产率为5.99%，其他密度级产率均较小；随着密度级的增加，灰分逐步增大；通过可选性曲线分析，当精煤灰分为25%

时，分选密度为1.98g/cm^3，分选密度（±0.1）含量为3%，可判断C组>6mm石子煤属于易选煤样。

4.4.3.3 D组石子煤样煤质资料分析

A 筛分试验

对D组石子煤进行了筛分试验（筛孔尺寸为6mm），得到了筛上物(>6mm）及筛下物（<6mm）煤样的产率，并对原石子煤、筛上物（>6mm）煤样、筛下物（<6mm）煤样的灰分、硫分、发热量进行了测试，试验结果见表4-26。

表4-26 D组石子煤筛分试验

粒度级/mm	产率/%	灰分/%	硫分/%	低位发热量/kcal
原样	100.00	70.40	6.84	1129
>6	49.63	72.36	6.33	1068
<6	50.37	68.46	7.34	1189

由表4-26可以看出，石子煤原样灰分70.40%，硫分6.84%，低位发热量1129kcal，灰分及硫分较高，并有一定的发热量；<6mm煤样的产率、灰分、硫分和发热量与>6mm煤样相差不大。

B 形态硫分析

对D组石子煤>6mm产品进行了形态硫测试，试验结果见表4-27，通过检测结果可以看出，该石子煤所含硫分主体为无机硫，占到90.55%，有机硫含量很少，因此采用石子煤高效分离系统对该石子煤进行分选并回收精煤，是可行的。

表4-27 样品形态硫分析 （%）

样品名称	全硫	硫酸盐硫	硫化铁硫	有机硫	无机硫含量
D组>6mm	6.35	0.14	5.61	0.60	90.55

C 浮沉试验

对D组>6mm石子煤进行了浮沉试验，试验结果见表4-28，并根据试验结果绘制了可选性曲线，如图4-6所示。

表4-28 D组>6mm石子煤样浮沉试验结果

密度级/g·cm^{-3}	本级产率/%	灰分/%	浮物累计		沉物累计		分选密度(±0.1)含量	
			产率/%	灰分/%	产率/%	灰分/%	密度/g·cm^{-3}	产率/%
<1.4	5.20	14.16	5.20	14.16	100.00	72.36	1.30	
1.4~1.5	2.28	20.21	7.48	16.00	94.80	75.55	1.40	
1.5~1.6	1.61	29.33	9.09	18.36	92.52	76.91	1.50	

续表 4-28

密度级 /g · cm^{-3}	本级产率 /%	灰分 /%	浮物累计		沉物累计		分选密度(±0.1)含量	
			产率 /%	灰分 /%	产率 /%	灰分 /%	密度 /g · cm^{-3}	产率 /%
1.6~1.7	2.36	37.42	11.46	22.30	90.91	77.76	1.60	4.30
1.7~1.8	2.02	45.85	13.47	25.82	88.54	78.84	1.70	4.74
1.8~1.9	1.03	54.20	14.50	27.84	86.53	79.60	1.80	3.30
1.9~2.0	1.38	61.04	15.89	30.73	85.50	79.91	1.90	2.61
>2.0	84.11	80.22	100.00	72.36	84.11	80.22		
合计	100.00	72.36						

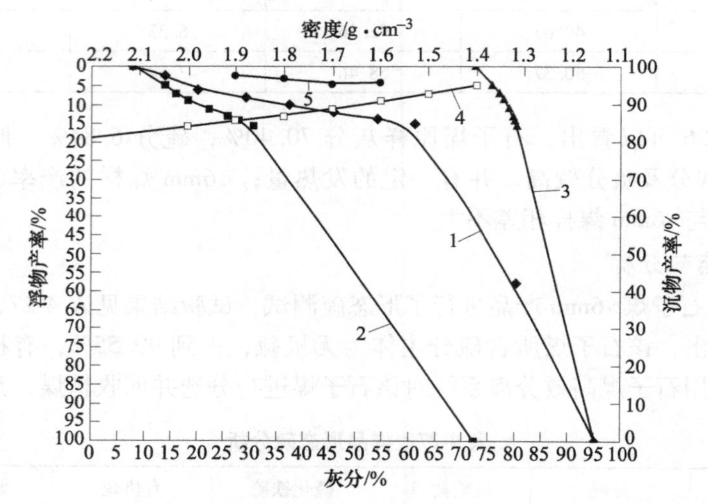

图 4-6　D 组>6mm 石子煤样可选性曲线

1—灰分特性曲线；2—浮物曲线；3—沉物曲线；4—密度曲线；5—临近密度物曲线

由表 4-28 和图 4-6 可知，>2.0g/cm^3 样品高达 84.11%，<1.4g/cm^3 密度级产率为 5.20%，其他密度级产率均较小；随着密度级的增加，灰分逐步增大；通过可选性曲线分析，当精煤灰分为 25%时，分选密度为 1.8g/cm^3，分选密度（±0.1）含量为 3.3%，可判断 D 组>6mm 石子煤属于易选煤样。

4.4.4　中煤再选工艺效果分析

为研究中煤再选工艺对分选效果的影响，通过精煤浮沉组成、矸石浮沉组成、精煤产率和矸石的产率计算了分配率，并绘制了分配曲线，从而得到 E_P 值、分选密度和 I 值，并根据精煤理论产率及实际产率计算出数量效率，各参数值结果见表 4-29 和表 4-30。E_P 值和 I 值可直观反应分选精度，E_P 值和 I 值越高，分选精度越差；通过表4-29及图4-7~图4-9，可以看出B、C、D组添加中煤再选工艺的 E_P 值和 I 值基本均小于去除中煤再选工艺的 E_P 值和 I 值，说明添加中煤再选工艺后系统的稳定性及分选精度要高于去除中煤再选工艺。

表4-29 不同工况下分选试验的 E_P 值和 I 值

组数	E_P 值 /g·cm^{-3}	I 值	组数	E_P 值 /g·cm^{-3}	I 值	组数	E_P 值 /g·cm^{-3}	I 值
B1	0.26	0.13	C1	0.14	0.07	D1	0.17	0.09
B2	0.14	0.09	C2	0.08	0.04	D2	0.09	0.05
B3	0.13	0.09	C3	0.16	0.09	D3	0.11	0.06
B4	0.26	0.15	C4	0.15	0.08	D4	0.24	0.15
B5	0.41	0.31	C5	0.21	0.11	D5	0.21	0.15
B6	0.31	0.25	C6	0.22	0.14	D6	0.35	0.23

表4-30 不同工况下分选试验的各参数值

参数	B1	B2	B3	B4	B5	B6	C1	C2	C3	C4	C5	C6	D1	D2	D3	D4	D5	D6
分选密度 /g·cm^{-3}	2.00	1.43	1.41	1.70	1.32	1.20	2.05	1.88	1.77	1.76	1.91	1.58	1.74	1.87	1.82	1.59	1.40	1.53
数量效率 /%	26.82	96.4	12.24	99.56	14.25	7.67	95.22	84.22	94.6	98.38	69.5	64.12	99.22	50.3	98.44	78.05	—	13.29
精煤热值 /kcal	2948	5187	5352	4589	3048	4335	4665	4718	5209	5331	4715	5029	5025	4044	4905	4986	4897	3930
矸石热值 /kcal	357	447	532	600	416	571	362	475	708	487	533	871	459	463	426	441	962	860
含硫量比原煤降低值/%	10.15	10.12	9.96	10.16	10.06	9.89	3.75	3.70	3.80	3.86	3.89	3.84	7.86	7.90	8.27	7.93	7.91	7.78

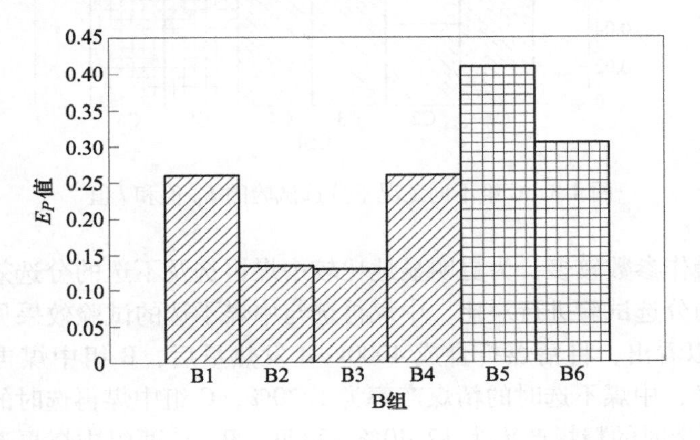

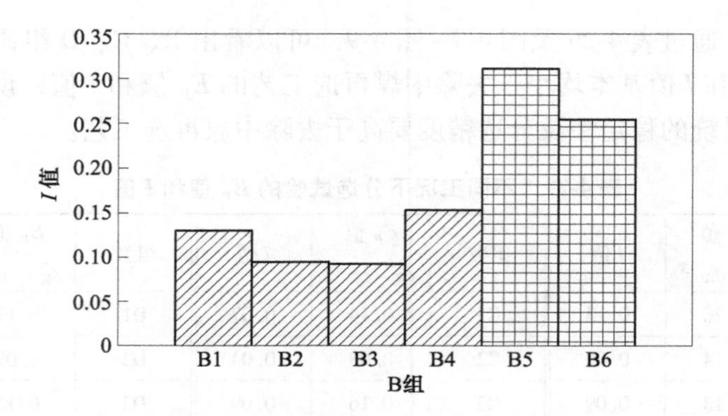

图 4-7　B 组不同工况下分选试验的 E_P 值和 I 值

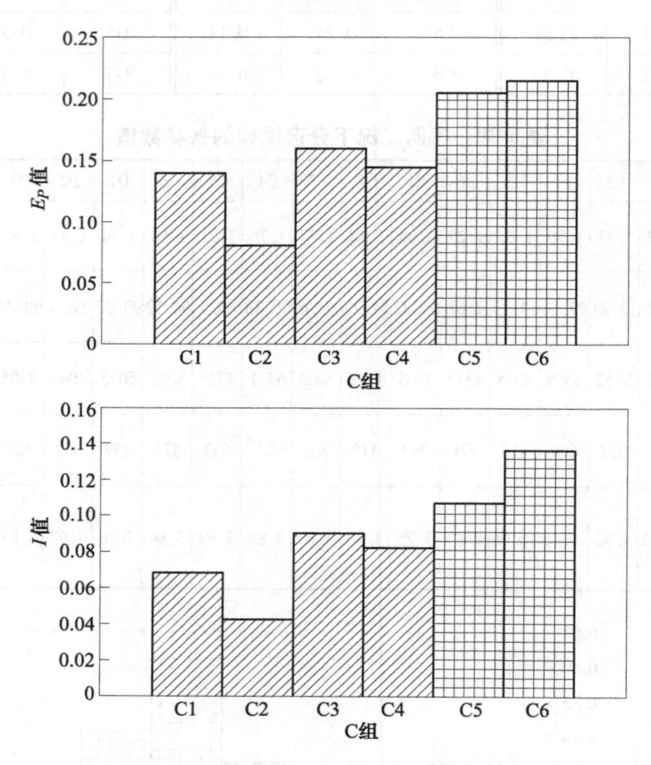

图 4-8　C 组不同工况下分选试验的 E_P 值和 I 值

因试验操作参数较多，为更明显地比较中煤再选及不选的分选效果，选取操作参数一致的分选试验进行对比，中煤再选与中煤不选的试验效果见表 4-31。从表 4-31 中可以看出，将精煤折合成 4000kcal 发热量后，B 组中煤再选时的精煤产率为 3.31%，中煤不选时的精煤产率为 1.70%，C 组中煤再选时的精煤产率为 17%，中煤不选时的精煤产率为 12.40%，可见，B、C 两组中煤再选的精煤产率

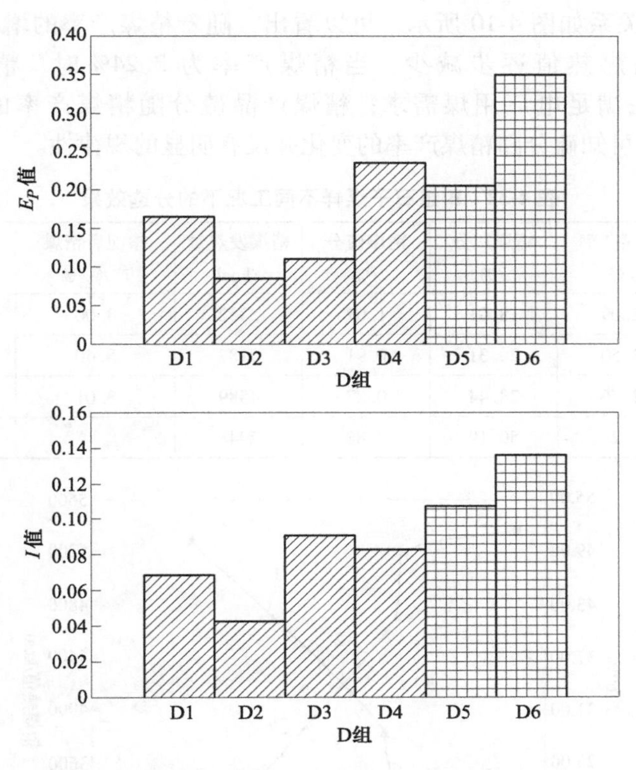

图 4-9 D 组不同工况下分选试验的 E_P 值和 I 值

高于中煤不选的精煤产率；综合判断，中煤再选效果稳定，分选精度高，产出精煤质量好，且精煤产率较高，因此建议保留中煤再选环节。

表 4-31 中煤再选试验效果对比

编 号	精煤产率/%	精煤发热量/kcal	掺配后精煤产率/%	掺配后精煤发热量/kcal
B 组中煤再选	2.09	5352	3.31	4000
B 组中煤不选	1.49	4335	1.70	4000
C 组中煤再选	11.01	5270	17.00	4000
C 组中煤不选	8.60	5029	12.40	4000

4.4.5 不同煤质石子煤分选效果

因添加中煤再选工艺效果较优，对该状况下 B、C、D 组石子煤煤样不同操作参数下的分选效果进行了分析。

4.4.5.1 B 组产品分选效果分析

B 组石子煤样不同工况下的分选效果见表 4-32，精煤产品灰分及发热量随精煤产率的变化关系如图 4-10 所示，可以看出，随着精煤产率的增加，精煤灰分逐步增加，精煤热值逐步减少，当精煤产率为 3.24% 时，精煤热值仅为 2948kcal，无法满足电厂用煤需求；精煤产品硫分随精煤产率的变化关系如图 4-11 所示，可知硫分随精煤产率的变化并没有明显的规律性。

表 4-32　B 组石子煤样不同工况下的分选效果

工况编号	精煤产率/%	精煤灰分/%	精煤硫分/%	精煤发热量/kcal	掺配后精煤产率/%	掺配后精煤发热量/kcal
1	2.09	18.01	1.07	5352	3.00	4000
2	2.50	20.31	0.91	5187	3.40	4000
3	2.56	28.44	0.87	4589	3.01	4000
4	3.24	50.19	0.88	2948		

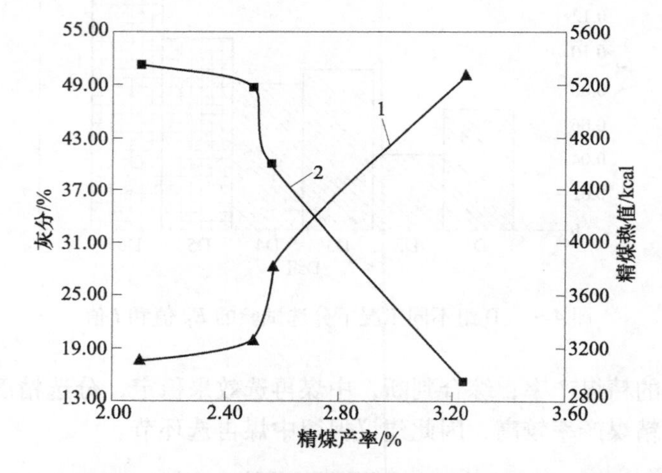

图 4-10　B 组精煤产品灰分及发热量随精煤产率的变化关系（1kcal = 4186.8J）

1—精煤灰分；2—精煤热值

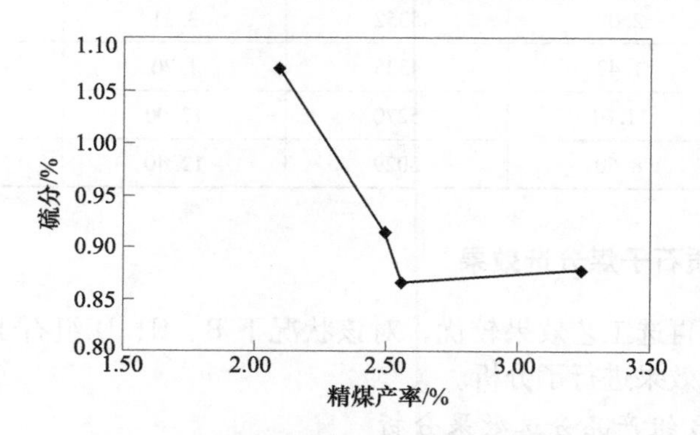

图 4-11　B 组精煤产品硫分随精煤产率的变化关系

因电厂可接受发热量下限为4000kcal，通过与同工况下产生的粉煤掺配，可换算该发热量下精煤的最高产率，并以此为依据选出B组石子煤样分选试验中效果最优的一组工况，即工况2，其分选参数指标见表4-33，该工况下精煤产率为3.4%，精煤灰分为34.44%，精煤硫分为3.32%，精煤热值为4000kcal。

表4-33 B组工况2的分选参数指标

掺配精煤产率/%	掺配精煤灰分/%	掺配精煤全硫/%	掺配精煤热值/kcal	粉煤产率/%	粉煤灰分/%	粉煤全硫/%	粉煤热值/kcal	矸石产率/%	矸石灰分/%	矸石全硫/%	矸石热值/kcal
3.40	34.44	3.32	4000	47.31	73.69	10.00	727	49.29	79.61	6.16	447

4.4.5.2 C组产品分选效果分析

C组石子煤样不同工况下的分选效果见表4-34，精煤产品灰分及发热量随精煤产率的变化关系如图4-12所示，可以看出，随着精煤产率的增加，精煤灰分逐步增加，精煤热值逐步减少；精煤产品硫分随精煤产率的变化关系如图4-13所示，可知硫分随精煤产率的变化并没有明显的规律性。

表4-34 C组石子煤样不同工况下的分选效果

工况序号	精煤产率/%	精煤灰分/%	精煤硫分/%	精煤发热量/kcal	掺配后精煤产率/%	掺配后精煤发热量/kcal
1	10.95	19.69	0.68	5331	17.36	4000
2	11.06	21.20	0.74	5209	17.13	4000
3	12.37	25.08	0.84	4718	15.78	4000
4	13.65	25.94	0.79	4665	17.70	4000

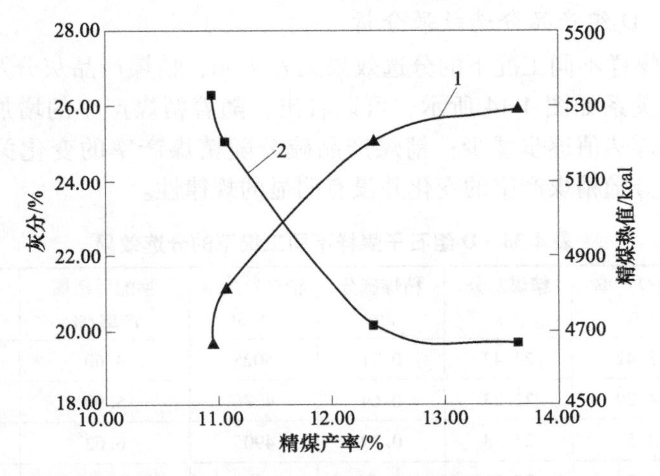

图4-12 C组精煤产品灰分及发热量随精煤产率的变化关系（1kcal=4186.8J）
1—精煤灰分；2—精煤热值

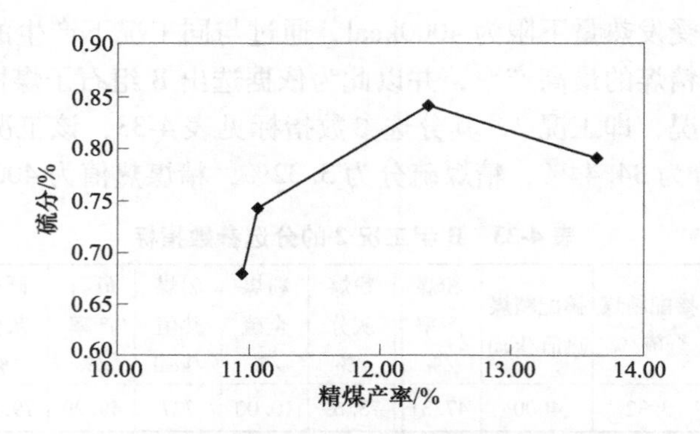

图 4-13 C 组精煤产品硫分随精煤产率的变化关系

因电厂可接受发热量下限为 4000kcal，通过与同工况下产生的粉煤掺配，可换算该发热量下精煤的最高产率，并以此为依据选出 C 组石子煤样分选试验中效果最优的一组工况，即工况 4，其分选参数指标见表 4-35，该工况下精煤产率为 17.70%，精煤灰分为 34.15%，精煤硫分为 1.31%，精煤热值为 4000kcal。另外，C 组粉煤发热量较高，可用于掺配高热值煤。

表 4-35 C 组工况 4 的分选参数指标

掺配精煤产率/%	掺配精煤灰分/%	掺配精煤全硫/%	掺配精煤热值/kcal	粉煤产率/%	粉煤灰分/%	粉煤全硫/%	粉煤热值/kcal	矸石产率/%	矸石灰分/%	矸石全硫/%	矸石热值/kcal
17.70	34.15	1.31	4000	53.28	61.83	3.07	1759	29.02	80.85	4.39	362

4.4.5.3 D 组产品分选效果分析

D 组石子煤样不同工况下的分选效果见表 4-36，精煤产品灰分及发热量随精煤产率的变化关系如图 4-14 所示，可以看出，随着精煤产率的增加，精煤灰分逐步增加，精煤热值逐步减少；精煤产品硫分随精煤产率的变化关系如图 4-15 所示，可知硫分随精煤产率的变化并没有明显的规律性。

表 4-36 D 组石子煤样不同工况下的分选效果

工况序号	精煤产率/%	精煤灰分/%	精煤硫分/%	精煤发热量/kcal	掺配后精煤产率/%	掺配后精煤发热量/kcal
1	3.42	22.42	0.71	5025	4.60	4000
2	4.20	22.23	0.64	4986	5.90	4000
3	4.57	23.58	0.30	4905	6.02	4000
4	6.78	35.32	0.67	4044	6.87	4000

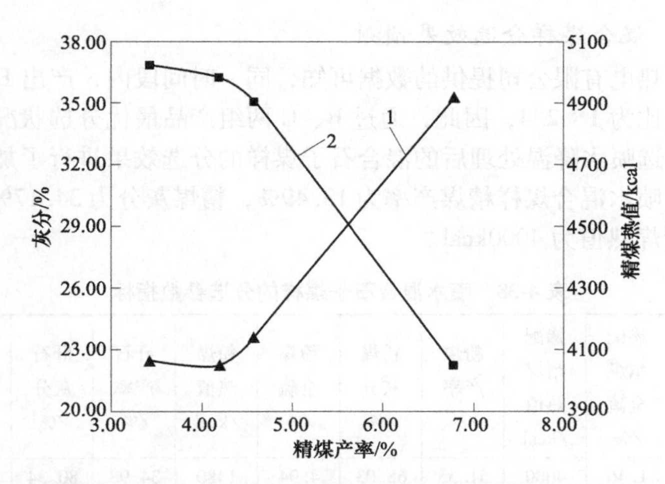

图 4-14 D 组精煤产品灰分及发热量随精煤产率的变化关系（1kcal＝4.1868J）

1—精煤灰分；2—精煤热值

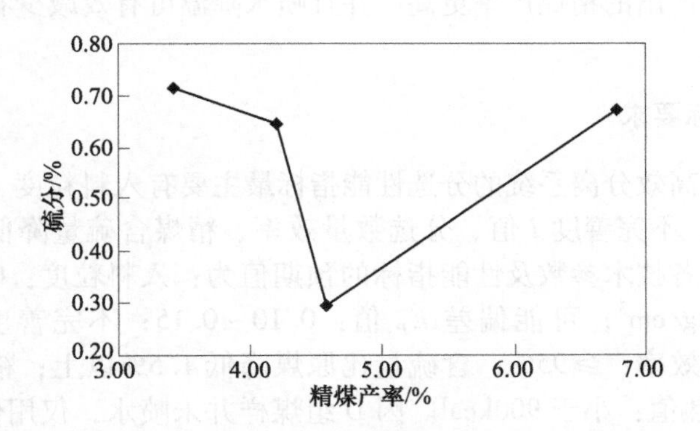

图 4-15 D 组精煤产品硫分随精煤产率的变化关系

因电厂可接受发热量下限为 4000kcal，通过与同工况下产生的粉煤掺配，可换算该发热量下精煤的最高产率，并以此为依据选出 D 组石子煤样分选试验中效果最优的一组工况，即工况 4，其分选参数指标见表 4-37，该工况下精煤产率为 6.87%，精煤灰分为 35.85%，精煤硫分为 0.78%，精煤热值为 4000kcal。

表 4-37 D 组工况 4 的分选参数指标

掺配精煤产率/%	掺配精煤灰分/%	掺配精煤全硫/%	掺配精煤热值/kcal	粉煤产率/%	粉煤灰分/%	粉煤全硫/%	粉煤热值/kcal	矸石产率/%	矸石灰分/%	矸石全硫/%	矸石热值/kcal
6.87	35.85	0.78	4000	60.19	71.76	8.56	856	32.94	80.04	7.35	463

4.4.5.4　混合煤样分选效果预测

通过卓资热电有限公司提供的数据可知，同一时间段内，产出B组产品和C组产品的质量比为1∶2.4，因此，通过B、C两组产品最优分选状况下的分选参数指标，对分选喷水降温处理后的混合石子煤样的分选效果进行了加权预测，结果见表4-38，喷水混合煤样精煤产率为13.49%，精煤灰分为34.17%，精煤硫分为1.46%，精煤热值为4000kcal。

表4-38　喷水混合石子煤样的分选参数指标

掺配精煤产率/%	掺配精煤灰分/%	掺配精煤全硫/%	掺配精煤热值/kcal	粉煤产率/%	粉煤灰分/%	粉煤全硫/%	粉煤热值/kcal	矸石产率/%	矸石灰分/%	矸石全硫/%	矸石热值/kcal
13.49	34.17	1.46	4000	51.53	65.03	4.94	1480	34.98	80.34	5.12	397

同D组工况相比可知，喷水降温处理后的石子煤，明显减少了石子煤中精煤的自燃，分选后产出的精煤产率更高，并且喷水降温可有效减少石子煤堆放时对周边环境的污染。

4.4.6　性能指标要求

考察石子煤高效分离系统的分选性能指标最主要有入料粒度、分选密度、可能性偏差E_P值、不完善度I值、分选数量效率、精煤含硫量降低比例、精煤热值、矸石热值，各技术参数及性能指标的预期值为：入料粒度：0~50mm；分选密度：1.5~2.2g/cm^3；可能偏差E_P值：0.10~0.15；不完善度I值：0.05~0.10；分选数量效率：≥95%；含硫量比原煤降低1.5%以上；精煤热值：大于4000kcal；矸石热值：小于900kcal。因D组煤样并未喷水，仅用作同B、C组分选效果进行对比，所以选取B、C组石子煤样较优工况下的性能参数，考察石子煤高效分离系统的分选性能，见表4-39。

表4-39　不同工况下分选试验的E_P值和I值

石子煤样	E_P值/g·cm^{-3}	I值	分选密度/g·cm^{-3}	数量效率/%	精煤热值/kcal	矸石热值/kcal	精煤含硫量降低比例/%
B组	0.14	0.09	1.43	96.40	5187	447	90.79
C组	0.14	0.07	2.05	95.22	4665	362	81.05

可以看出C组石子煤样所有的技术及性能指标均达到预期要求；B组石子煤样除分选密度略低于预期值外，其余指标全部达到预期要求，分选密度略低是因为B组石子煤样中精煤含量较少，分选时容易引起分选密度的大幅波动，通过其他指标可知，设备实现了良好的分选效果；综上所述，可以看出设备的分选性能及效果达到了预期要求。

4.4.7 经济效益分析

卓资热电有限公司年设备利用小时数约为5000h，磨煤机年产石子煤量约为9000t。根据石子煤工业性分选试验混合煤样分选效果预测，精煤产率为13.49%，可知石子煤中年回收热值为4000kcal 的精煤量为1214t，即694t 标煤。另外，该技术不但有效解决了石子煤综合利用难的问题，还可以降低电厂煤耗、节约成本，而且分选后煤中硫含量明显降低，且堆存时不易自燃，这对减少环境污染具有重要意义，同时还具有明显的社会经济效益，符合国家节能减排的大方向。

参 考 文 献

[1] 陈清如. 发展洁净煤技术推动节能减排 [J]. 中国高校科技与产业化，2008 (3)：65-67.

[2] 陈清如 . 中国洁净煤战略思考 [J]. 黑龙江科技学院学报，2004，5 (9)：261-264.

[3] 彭苏萍 . 中国煤炭资源开发与环境保护 [J]. 科技导报，2009 (27)：1-2.

[4] 刘炯天 . 关于我国煤炭能源低碳发展的思考 [J]. 中国矿业大学学报，2011，13 (1)：4-11.

[5] 王显政 . 中国煤炭工业发展面临的机遇与挑战 [J]. 中国煤炭，2010，36 (7)：5-10.

[6] 陈清如，杨玉芬 . 21 世纪高效干法选煤技术的发展 [J] . 中国矿业大学学报，2001，30 (6)：527-530.

[7] 陈清如，骆振福，等 . 干法选煤评述 [J]. 选煤技术，2003 (6)：34-40.

[8] LUO Z F，ZHAO Y M，CHEN Q R，et al. Separation lower limit in a magnetically gas-solid two-phase fluidized bed [J] . Fuel Processing Technology，2004，85 (2-3)：173-178.

[9] LUO Z F，ZHAO Y M，CHEN Q R，et al. Separation Characteristics for Fine Coal of the Magnetically Fluidized Bed [J] . Fuel Processing Technology，2002，79 (1)：63-69.

[10] FAN M M，CHEN Q R，ZHAO Y M. Fundamentals of a Magnetically Stabilized Fluidized Bed for Coal Separation [J] . Coal Preparation，2003，23 (1/2)：47-55.

[11] FAN M M，CHEN Q R，ZHAO Y M，et al. Fine coal (6 ~ 1mm) separation in magnetically stabilized fluidized beds [J] . International Journal of Mineral Processing，2001，63 (4)：225-232.

[12] 陈清如，杨玉芬 . 21 世纪高效干法选煤技术的发展 [J]. 中国矿业大学学报，2001，30 (6)：527-529.

[13] 骆振福 . 我国西部煤炭分选洁净的途径——流化床高效干法选煤技术 [J] . 中国矿业，2001，10 (5)：12-14.

[14] 骆振福 . 中国西部煤炭能源的优化利用 [J] . 中国矿业，2001，10 (1)：36-39.

[15] 国井大藏，列文斯比尔 O. 流态化工程 [M]. 北京：石油化学工业出版社，1977.

[16] 李洪钟，郭慕孙 . 气固流态化的散式化 [M] . 北京：化学工业出版社，2002.

[17] EVESON G F. Dry cleaning of large or small coal or other particulate materials containing components of diff erent specific gravities. US，3367501 [P] . 1968.

[18] LOCKHART N C. Dry beneficiation of coal [J] . Powder Technology，1984，40 (1/3)：17-42.

[19] BEECKMANS J M，MINH T. Separation of mixed granular solids using the fluidized counter current cascade principle [J] . The Canada Journal of Chemical Engineering，1977，55 (5)：493-496.

[20] TANAKA Z，SATO H，KAWAI M，et al. Dry Coal Cleaning Process for High-quality Coal [J] . Journal of Chemical Engineering of Japan，1996，29 (2)：257-263.

[21] OSHITANI J，TANI K，TAKASE K，et al. Dry coal cleaning by utilizing fluidized bed medium separation (FBMS) [C] // Proceedings of the SCEJ Symposium on Fluidization. Japan，2003：425-430.

[22] CHAN E W, BEECKMANS J M. Pneumatic beneficiation of coal fines using the counter-current fluidized cascade [J]. International Journal of Mineral Processing, 1982, 9 (2): 157-165.
[23] BONNIOL F, SIERRA C, OCCELLI R, et al. Similarity in dense gas-solid fluidized bed, influence of the distributor and the air-plenum [J]. Powder Technology, 2009, 189 (1): 14-24.
[24] OTERO A R, MUNOZ R C. Fluidized bed gas distributors of bubble cap type [J]. Powder Technology, 1974, 9 (5/6): 279-286.
[25] GELDART D, BAEYENS J. The design of distributors for gas-fluidized beds [J]. Powder Technology, 1985, 42 (1): 67-78.
[26] AMOORTHY D S, RAO CH S. Multi-orifice plate distributors in gas fluidised beds-a model for design of distributors [J]. Powder Technology, 1979, 24 (2): 215-223.
[27] KSKSAL M, VURAL H. Bubble size control in a two-dimensional fluidized bed using a moving double plate distributor [J]. Powder Technology, 1998, 95 (3): 205-213.
[28] ROWE P N, EVANS T J. Dispersion of tracer gas supplied at the distributor of freely bubbling fluidised beds [J]. Chemical Engineering Science, 1974, 29 (11): 2235-2246.
[29] JU S P, LU W M, KUO H P, et al. The formation of a suspension bed on dual flow distributors [J]. Powder Technology, 2003, 131 (2/3): 139-155.
[30] LOMBARDI G, PAGLIUSO J D, JR L G. Performance of a tuyere gas distributor [J]. Powder Technology, 1997, 94 (1): 5-14.
[31] CHRISTENSEN D, NIJENHUIS J, VANOMMEN J R, et al. Residence times in fluidized beds with secondary gas injection [J]. Powder Technology, 2007, 180 (3): 321-331.
[32] 韦鲁滨，陈清如，梁春城．空气重介流化床粗粒物料分选机理的研究 [J]. 中国矿业大学学报，1996，25 (1)：12-18.
[33] 韦鲁滨，陈清如，赵跃民．双密度层空气重介流化床的研究 [J]．应用基础与工程科学学报，1996，4 (3)：275-279.
[34] 韦鲁滨．双密度层流化床的形成特性 [J]．中南工业大学学报，1998，29 (2)：123-126.
[35] 韦鲁滨．双密度层流化床形成机理 [J]．中南工业大学学报，1998，29 (4)：330-333.
[36] 韦鲁滨，陈清如，赵跃民．空气重介质流化床三产品的分选特性 [J]．化工冶金，1999，20 (2)：140-143.
[37] 陈增强，赵跃民，陶秀祥，等．空气重介流化床干法选煤加重质的研究 [J]．中国矿业大学学报，2001，30 (6)：585-589.
[38] 骆振福，赵跃民，陈清如，等．浓相高密度分选流化床气体分布参数的研究 [J]．中国矿业大学学报，2004，33 (3)：237-240.
[39] 骆振福，陈清如．空气重介流化床选煤过程中介质动态平衡的研究 [J]．煤炭学报，1995，20 (3)：260-265.
[40] 骆振福，陈清如．空气重介流化床密度稳定性的研究 [J]．中国矿业大学学报，1992，21 (3)：77-85.
[41] 骆振福，陈清如，陶秀祥，等．煤炭分选的气固两相流特性分析 [J]．选煤技术，

1992，5：3-6.

[42] 陶秀祥，陈清如，骆振福，等．煤炭外水分布规律及其对流化床分选的影响［J］．中国矿业大学学报，1999，28（4）：326-330.

[43] 陶秀祥，陈增强，杨毅，等．深床型流化床块煤选矸的试验研究［J］．中国矿业大学学报，2001，30（6）：573-577.

[44] 陶秀祥，严德崑，骆振福，等．气固流化床密度的在线测控研究［J］．煤炭学报，2002，27（3）：315-319.

[45] 陶秀祥，严德崑，骆振福，等．气固流化床密度和床高的测控［J］．北京科技大学学报，2002，24（5）：488-491.

[46] 靳海波，张济宇，张碧江，等．振动流化床中双组份颗粒分离特性［J］．过程工程学报，2001，1（4）：347-350.

[47] 王铁，王亭杰，金涌，等．振动流化床中流动结构的混沌分析［J］．化工学报，2003，54（12）：1696-1701.

[48] 杨国华，陈清如，梁春城，等．宽分布大颗粒振动流化床流体力学研究［J］．中国矿业大学学报，1996，25（4）：109-114.

[49] 韦鲁滨，朱学帅，马力强，等．褐煤空气重介质流化床干法分选与干燥一体化研究［J］．煤炭科学技术，2013，41（6）：125-128.